蚕

絹糸を吐く虫と日本人

畑中章宏

装丁　寄藤文平＋鈴木千佳子（文平銀座）

蚕――絹糸を吐く虫と日本人　目次

はじめに

日本で養蚕が最もさかんだった昭和の初め、日本の農家の約四十パーセントに当たる二百二十一万戸で蚕《かいこ》を飼っていた。蚕の餌にする桑畑の面積は、全畑地の約四分の一の七十一万ヘクタールを占めた。日本の輸出総額に占める生糸・絹織物の割合は、大正十一年（一九二二）には四十八・九パーセントにも達した。昭和五年（一九三〇）には、繭《まゆ》の生産量三十九・九万トンという史上最高を記録し、生糸《きいと》や蚕種《さんしゅ》、絹織物は重要な輸出品目となった。

繭を売るとすぐに現金が手に入る養蚕は、農家にとって貴重な収入源になったため、家屋の屋根裏を改造し、あるいは別棟を建てて蚕室を設けるなどして、日本人はこぞって蚕を飼った。一年の最盛期には、ほんらい人間が休む母屋の寝室が、蚕棚で埋め尽くされることもあった。ある人物は、隣の部屋で蚕が桑を食《は》む音が、「まるで大きな波の音のようだった」と言いあらわしている。

……天保ごろからひろがっていた養蚕は、安政の開港を契機に非常な発展をみせ、とくに東山《とうさん》養蚕地帯とよばれるこの山沿い地方にいちじるしかった。明治にはいると、その勢いは貿易の拡大につれていっそう進み、明治十年代のなかばには、相州津久井《つくい》郡で八〇パーセント、武州南多摩・秩父郡などで七〇パーセントの農家が、養蚕業を兼ねるようになっていた。

つまり、長大なグリーン・ベルトが、関東と中部地方にまたがる国境の山沿い地帯にひらけたのである。

(色川大吉『近代国家の出発』)

農家の生計を支えるいっぽう、温度や湿度の影響を受けやすく、また鼠に侵される危険がある蚕を、「オカイコサマ」「オコサマ」と呼んでだいじにした。そうして人びとは蚕が無事に育ち、収益をもたらしてくれることを願って、さまざまな神仏に祈った。

平成二十六年(二〇一四)六月、カタールのドーハで開かれた第三十八回世界遺産委員会で「富岡製糸場と絹産業遺産群」はユネスコの世界遺産に正式に登録された。これをきっかけに養蚕業や製糸業にかんする関心は高まり、群馬県富岡市と伊勢崎市、藤岡市、下仁田町に点在する遺産群には、多くの観光客が足を運ぶようになった。

しかし蚕は、群馬県はもちろん「東山養蚕地帯」ばかりでなく、飼育することが可能なほとんどの農家で養われた。養蚕そのものの歴史は古いものの、近世末期から近代、なかでも明治時代から昭和の初めまでの短いあいだ、蚕と日本人の関係は驚くほど濃密なものだった。日本の歴史のうえで、このような関係を取りむすんだ生きものはほかになく、似たような産業もほかに例がない。

この本は、蚕という虫が日本人とどのようにつきあい、日本社会のなかで、どのように位置づけられてきたかをみていくものである。

一　蚕と日本社会

1　記紀の時代

常世の神

『日本書紀』によると皇極天皇の三年（六四四）の秋七月に、こんな奇妙なできごとがあった。東国の不尽河《ふじがわ》（富士川）のあたりに大生部多《おおべのおお》というものがいて、「虫」を祀るようにと村人たちにすすめた。「これは常世《とこよ》から来た神だ。この神を祭るならば、富《とみ》と寿《いのち》とを得るだろう」神に仕える巫子たちもそれを神語《かむごと》だと偽り、「常世の神をお祭りすれば貧しい者は金持になる。年寄りは若返る」とふれまわった。そのうえ人びとに財産を捨てさせ、酒や食物を道端に並べて、「新しい財産が手に入った」と叫ばせた。この教えはやがて都にまで広がり、人びとは「常世虫」を祀って歌い舞い、財を捨て、福を求めた。しかしなにも益することはなく、損ばかりが多かった。

ここに葛野《かずの》の秦《はだ》の造《みやつこ》河勝《かわかつ》が、人びとがだまされていることに憤慨し、大生部多を討ちこらした。巫子たちも恐れいり、祭りをすすめなくなった。時の人びとは秦の造を讃えて、このように歌った。「太秦《うずまさ》は　神とも神と　聞こえくる　常世の神を　打ち懲《きた》ますも（秦の殿様は、偉いがうえにも偉い神様と聞こえている。常世の国の神様を、お打ちこらしになったのだから）」。この虫は、橘の樹か山椒《さんしょう》の樹に生まれ、長さは四寸あまり。大きさは親指ぐらいで、緑色で黒い斑点がある。その形は蚕によく似ていたという。

この事件で大生部多を退治したのが、秦河勝であったことは示唆的である。それは日本列島に養蚕技術を伝えたのが、河勝の一族、秦氏であったといわれているからである。またこの「常世虫」は、秦氏がもたらし、各地に広めたのとは別の種類の蚕で、それによる養蚕が、富士川のあたりではじまったことにたいする、河勝の報復だったという見方もある。

これより前『古事記』に、大雀命《オオサザキノミコト》こと仁徳天皇が、三様に変わる虫を見るため、山城に出かけていくという話がある。

天皇が何人もの女性を愛することに怒った大后《おおきさき》の磐之媛命《イワノヒメノミコト》は、山城にのぼったままもどらなかった。そこで丸邇《わに》の臣《おみ》、口子《クチコ》とその妹の口比売《クチヒメ》、韓人《からびと》の奴理能美《ヌリノミ》が相談して、難波《なにわ》の都にいる天皇に次のように説いた。「大后さまがここにお出かけになりましたわけと申しますのは、ヌリノミの飼っております虫が、ある時は這う虫になります、ある時は殻の中におります。ある時は空を飛ぶものになります。このように三様に変化する不思議な虫がおりますので、大后さまはこれをご覧あそばすために、お出かけになりましたものです。決して心変わりをなされたわけではございません」。すると天皇は「なるほど不思議なこともあるものだ、それでは私も、ひとつ見にいってみよう」といって、山城の筒木《つつき》へ入った。ヌリノミは自分の飼っている、三様に変わる虫を大后に差しだし、大后から天皇にお見せするようにはからった（記紀の言葉はおもに、福永武彦訳の『古事記・日本書紀』にもとづく）。

八世紀編纂の「国史」に記されたこの二つの話は、蚕と古代社会のかかわりを垣間見させてくれる。蚕に似た虫がカルト的な教団を創出し、渡来人一族の当主がそれを阻んだ。天皇とその后は、民衆がすでに養っていたはずの虫をまだみたことがなかった。

*

記紀にはおいてはさらに古く、蚕は出現している。そのいずれもが、農作物の起源神話のなかにである。

『日本書紀』ではイザナミが、火の神カグツチを生んで焼け死ぬ間際に、土の神ハニヤマヒメと水の神ミズハノメを生んだ。カグツチはハニヤマヒメをめとって、ワクムスビ（稚産霊）が生まれた。ワクムスビの頭の上からは蚕と桑が生まれ、臍のなかから稲・麦・豆・粟・稗の五穀が生まれた。

『古事記』では高天原を追放されたスサノオが、オオゲツヒメノカミ（大気津比売神）に食べものを求めた。オオゲツヒメはそこで、鼻、口、尻からさまざまな食べものを取りだし、それをご馳走にしてスサノオに差しだした。怪しんだスサノオが、ヒメのようすをのぞいたところ、汚いものを食べさせるつもりかと憤り、オオゲツヒメを殺《あや》めてしまった。するとオオゲツヒメの頭からは蚕、目からは稲穂、耳からは粟、鼻からは小豆、陰部からは麦、尻からは大豆が生まれた。そこでカミムスビは、これらの五穀を取りあつめさせて、これを種とした。

『日本書紀』にもこれとよく似た話が記される。アマテラスはツクヨミに、葦原中国《あしはらのなかつくに》にいるウケモチ（保食）という神を見てくるようにと命じた。ツクヨミがウケモチを訪ねると、ウケモチは口から米飯と魚と毛皮の動物を出して、ツクヨミをもてなした。ツクヨミはそれを汚らわしいと怒り、ウケモチを斬り殺した。アマテラスはそれを聞き、ツクヨミとは会いたくないといったため、太陽と月は昼と夜に別れて現われるようになった。アマテラスがウケモチのところにアメノクマヒトを遣わすと、ウケモチは死んでいた。そしてウケモチの亡骸の頭からは牛馬、額からは粟、眉からは蚕、目からは稗、腹からは稲、陰部からは麦・大豆・小豆が生まれた。アメノクマヒトがこれらを持ちかえると、アマテラスは喜び、民が生きてゆくために必要な食物だとして、田畑の種とした。

この二つの話は世界各地に見られる、殺された神の死体から作物が生まれたとする起源神話で「ハイヌウェレ型神話」と呼ばれる。そしてここでは五穀や牛馬のほかに、蚕が得られているところに、古代から養蚕が重要であったことがよくわかる。

邪馬台国の特産品

養蚕はいまから五、六千年前、中国の黄河や揚子江流域で野生のクワコを家畜化したのがはじまりといわれている。後期新石器時代（紀元前二五〇〇～二〇〇〇年）の遺跡からは、蚕のものらしき繭殻が発掘され、殷の時代（紀元前十六、十七世紀～前十一世紀）につくられたとみられる絹織物や、蚕を意味する甲骨文字が発見されている。

はじめのうちは中国の宮廷内だけでおこなわれていた養蚕も、紀元前一〇〇〇年ころには、一般の農家でも養蚕をおこなわせるようになった。中国では養蚕の技術が国外にもれることを禁じたため、絹はたいへんな貴重品だった。紀元前約二〇〇年、漢の時代になると西域との貿易がはじまり、異民族を支配するため、絹が褒美として用いられた。こうして、蚕種《さんしゅ》（蚕の卵）や桑の種が持ちだされ、五世紀頃にはヨーロッパでも養蚕がおこなわれるようになった。

そもそも蚕（和名カイコガ）は、蝶や蛾と同じ鱗翅目の昆虫で、約五千年から六千年前に、原種である「桑子《クワコ》」を人間が飼育しやすいように改良し、現在の蚕（家蚕）が生まれた。蚕の幼虫は、孵化を四度繰りかえしたあと、餌の桑を食べるのをやめ、繭をつくる。この繭は、蛹《さなぎ》が害獣や害虫から身を守るためのもので、蚕は蛋白質濃度が高い桑の葉を食べて成長することから、体液中のあまったアミノ酸を糸に変えて吐きだすのである。

日本では、弥生時代中期の遺跡から絹が発掘されていることから、このころには北九州で養蚕がおこなわれていたとみられる。佐賀県神崎郡の吉野ヶ里《よしのがり》遺跡からも、日本茜や貝紫で染色された絹織物が発掘されている。ただし養蚕技術が本格的にもたらされたのは、一〜二世紀ごろに朝鮮半島からだと考えられている。

三世紀末に成立した『魏志倭人伝』にも、蚕から糸を紡ぎ、絹織物をつくっていたことが記され、二三九年には卑弥呼が、魏の明帝に国産の絹を献上している。そして邪馬台国では、「稲、紵麻《ちょま》を植える。桑と蚕を育て、糸を紡ぎ、上質の絹織物を作る」という記述がみられる。

2　古代人と蚕

太秦の社

『日本三代実録《にほんさんだいじつろく》』によると、仲哀天皇の八年に、秦の始皇帝の子孫の功満王《こうまんおう》が、蚕の卵と織物技術を伝えた。さらに『日本書紀』雄略天皇十五年条には、秦酒公《はだのさけぎみ》は秦の民が臣《おみ》・連《むらじ》らに分散し、思うままに駆使されていたので、気に病んで天皇に仕えていた。酒公を寵愛していた天皇は、秦の民を集めて酒公に与えた。酒公は庸・調の絹と縑《かとり》を献上し、朝廷に積みあげた。そこで「禹豆麻佐《うずまさ》」という姓を与えられた。

『日本書紀』には、応神天皇の十四年、百済から弓月君《ゆづきのきみ》が百二十県の民を連れてきて帰化したとある。また『新撰姓氏録』でも同じ年に、秦の始皇帝から五代あとの融通王《ゆうずうおう》が、百二十七県の百姓を率いて帰化したと伝える。

秦氏の出自は、新羅か加羅《かや》（伽耶《かや》）が有力だといわれる。この地域は五世紀の後半、新羅と高句麗の紛争地になったため、戦乱を避けて、大挙渡来してきたのではないかとみられる。彼らが「秦」を称したのは、渡来人として競争関係にある東漢《あずまのあや》氏が漢帝室の末裔と名のったので、漢よりも古い、秦始皇帝の末裔を自称したと考えられる。

＊

秦氏ははじめ九州の豊前国に入り、その後畿内へ進出。大和国をはじめ山背《やましろ》国葛野郡（現在の京都市右京区太秦）、同紀伊郡（現在の京都市伏見区深草）、河内国讃良《ささら》郡（現在の大阪府寝屋川市太秦）、摂津国豊嶋郡（現在の兵庫県伊丹市・大阪府池田市）などに土着した。山背国で秦氏は、桂川の中流あたりと鴨川の下流あたりを治めた。京都の古社寺のうち、広隆寺、松尾大社、伏見稲荷、平野神社は秦氏の創建を伝える。

蚕に似た虫を「常世虫」と偽った大生部多を退治した秦河勝は、推古天皇の時代から朝廷に仕えて、厩戸皇子《うまやどのおうじ》（聖徳太子）の政治をたすけたといわれる。『日本書紀』推古天皇十一年十一月、皇子は諸大夫に語って、「私は尊い仏像を持っている。だれかこの像を引きとって、礼拝するものはいないか」とたずねた。そのとき秦河勝が進みでて、「私が礼拝しましょう」と申しでて、仏像を受けとった。河勝はそして蜂岡寺《はちおかでら》を造った。この寺が現在の広隆寺である。

京福電鉄嵐山本線「太秦広隆寺駅」の東隣りに「蚕《かいこ》ノ社《のやしろ》駅」があり、その北側には、『延喜式』「神名帳」に名を列ねる「木嶋坐天照御魂《このしまにますあまてるみたま》神社」が鎮座する。この神社の本殿の東に、「萬《よろず》機《はた》姫」を祀る「養蚕神社」があることから、「蚕の社」と呼ばれてきた。境内には、西陣の織物業者が奉納した石碑もあり、信仰がつづいていることをうかがわせる。

広隆寺境内の東には、境内への入口に「蠶（蚕）養機織管絃樂舞之祖神」「太秦明神　呉織神　漢織神」と記した石標が立つ「大酒《おおさけ》神社」がある。祭神として秦始皇帝、弓月王、秦酒公、別殿に呉織《くれはとり》神（呉織女、兄媛《えひめ》命）、漢織《あやはとり》神（漢織女、弟媛《おとひめ》命）を祀る。これらは平安時代初期以前は広隆寺の桂宮院《けいきゅういん》に祀られ、「大辟《おおさけ》の神」と呼ばれていた。『延喜式』「神名帳」の葛野郡二十座中に「大酒神社」の名がみえ、また中世には「大酒明神」ともいわれた。明治の神仏分離令で広隆寺の境内から現在地に遷された。広隆寺にも「太秦殿」があり本尊は太秦明神（秦河勝公）で、漢織女、呉秦女を合祀している。

*

『日本書紀』によれば、応神天皇の三十七年（三〇六）二月、阿知使主《あちのおみ》と都加使主《つかのおみ》を呉に遣わし、縫工女《きぬぬいめ》を求めさせた。呉王は、兄媛・弟媛・呉織・穴織《あなはとり》の四婦を与えた。雄略天皇十四年（四七〇）の正月には、身狭村主青《むさのすぐりあを》らが、呉国の使いとともに、漢織・呉織と衣縫《きぬぬい》の兄媛・弟媛らを連れ帰った。兄媛は大三輪神《おおみわのかみ》に奉り、弟媛は漢衣縫部《あやのきぬぬいべ》とした。漢織・呉織・衣縫は、飛鳥衣織部《あすかのきぬぬいべ》・伊勢《いせの》衣織部《きぬぬいべ》の祖先であるという。

桑せずになにを着るのか

河内国讃良郡の「太秦」には、弥生時代中期頃の高地性集落太秦遺跡や、五世紀から六世紀にかけての渡来人関係の遺物が出土した太秦古墳群が近くにある。秦氏は、淀川の茨田堤《まんだのつつみ》を築くことにも協力したといわれ、大阪府寝屋川市太秦中町の熱田神社が河内秦寺の跡だという説もある。またこの付近には秦河勝墓を伝える場所もある。河勝が没したのはほんらい、播磨国赤穂の坂越《さこし》とされ、対岸の生島《いきしま》に秦河勝墓がある。坂越湾に面して、河勝を祭神とする「大避《おおさけ》神社」がある。秦氏は相模原にも上陸し、現在の秦野市あたりに入植した。

宮本常一はシリーズ「双書・日本民衆史」の第一巻『開拓の歴史』で、「ところで、気になるのはハタという言葉である」と書きだし、秦氏の「ハタ」について考えをめぐらせている。

> ……いま耕地を分けて畑と田にしている。そして畑をハタとよぶ。シナでは畑も田もともに田である。朝鮮では水田をとくに畓と書いているが音は一つのようである。日本で陸田をハタといったのは、主として秦の一族が養蚕・製糸・機織をおこないつつ

つ陸田を耕作して食料を得ていたことから、陸田をハタと呼ぶようになったのではないかと思ってみる。古代における秦氏の繁殖はきわめて目ざましいものがあり、五世紀半ばごろには日本の人口の二〇分の一にも達していたといわれ、しかもそのほとんどが山地・丘陵地帯に住んでいたということは興味ある問題といわねばならない。

（宮本常一『開拓の歴史』）

＊

推古天皇の十二年（六〇四）に厩戸皇子が制定した「憲法十七条」の十六条には、「農桑」について記され、飛鳥から奈良時代には、日本の各地に養蚕が広まっていたようすがうかがわれる。「民を使うときに時節をわきまえよというのは、古《いにしえ》の良い教訓である。それゆえ、冬の月には時間があるから、民を使ってもよい。春から秋までは、農や桑の季節だから、民を使ってはならない。農をしないでなにを食べるのか、桑をしないでなにを着るか」。「不農何食。不桑何服」という語句をみるとき、聖徳太子が農業と養蚕を重要視したことがわかる。また当時の日本では麻のような繊維より、絹のほうが民衆の衣服に用いられていたことが想像される。

3 女性の生業

金色姫伝説

茨城県つくば市神郡《かんごおり》にある「蚕影神社《こかげ》」は、「日本養蚕技術伝来の地」とされ、社の縁起に養蚕と蚕神の起源を説く「金色姫《こんじきひめ》」の物語が語りつたえられてきた。

欽明天皇の時代、北インドに「旧仲国」という国があり、霖夷《りんえ》大王と光契《こうけい》皇后に金色姫と呼ばれる娘がいた。皇后が急に亡くなったので、大王は後妻を迎えた。新しい皇后は継子である金色姫をうとんで、なきものにしようとした。

金色姫は最初、悪獣が巣食う「獅子吼山《ししくざん》」に捨てられた。ところが悪獣は、姫を襲うどころか礼拝し、宮殿に送りとどけた。皇后は金色姫をさらに憎み、姫は鷲、鷹、熊が棲む「鷹群山《ようぐんざん》」に捨てられた。するとこんどは、鷹狩にやってきた大王の兵が姫を見つけて、都に背負ってもどった。次に姫は、「海眼山《かいがんざん》」という孤島に流されたが、漂着した漁師に助けられ、都に舟で帰った。さらに姫はこんどは、「清涼殿《せいりょうでん》の庭」に埋められた。百日ほど経ったころ、地中から光が差したので、大王が掘らせたところ、金色姫はやつれた姿で救いだされた。

大王は、姫をほかの国へ流したほうが安心だと考えた。そこで桑の木で刳《く》り船をつくり、宝珠と一寸八分の勢至《せいし》菩薩をお守りに授けて、「あなたは仏神の化身なので、仏法を信じる国に流れついて人びとを救いなさい」といって送りだした。この船は常陸国筑波郡豊浦《とゆら》湊に着き、この浜の権太夫に引きあげられ、金色姫は大切に育てられた。しかしまもなく姫は亡くなり、権太夫夫婦は歎き悲しんで、姫を唐櫃《からびつ》に納めた。

ある夜、姫が夫婦の夢枕に立ったので、唐櫃を開けてみたところ、亡骸はなく、多くの虫がうごめていいた。金色姫が桑の船に乗ってきたことを思いだし、夫婦が虫に桑の葉を与えたところ、すくすくと成長した。ところがまもなくすると、虫は桑を食べなくなり、頭を上げて、わなわなするようになった。夫婦が驚いていると、金色姫がまた夢枕に立ち、このように告げた。「私が国にいたとき、獅子吼山、鷹群山、海眼山、清涼殿の庭と、四度の苦しみを受けました。それがいま、休眠となって現われているのです。そして、一度目を『獅子の休み』、二度目を『鷹の休み』、三度目を『船の休み』、四度目を『庭の休み』といいます。繭をつくることを私は、桑でできた丸木舟で学びました」。蚕が繰りかえす四度の孵化の、初眠を「シジ(獅子)休み」、二眠を「鷹（竹）休み」、三眠を「船休み」、四眠を「庭休み」と養蚕農家でいうのはここからきている。

権太夫夫婦はさらに、筑波山の影道《ほんどう》仙人（蚕影道仙人）から、この繭から糸を紡ぐ技を教えられた。また欽明天皇の皇女各谷《かぐや》姫《ひめ》が筑波山に飛来し、神衣を織る技を授けた。こうして蚕より繭ができ、糸を取り、この糸を織って布にすることができたので、権太夫夫婦はたいへん栄えた。これが日本における養蚕と機織《はたおり》のはじまりである。養蚕と機織を営んだ夫婦は、金色姫を乗せた船がたどりついた豊浦に御殿を建立して、姫を中心に、左右に富士の神と筑波の神を祀った。

網野善彦の指摘

歴史学者の網野善彦は、「百姓は農民ではない」という歴史像を模索するなかで、養蚕や織物の日本社会における重要性を指摘した。『類聚三代格』の養老三年（七一九）七月十九日条に、「人務㆓農業㆒、家赴㆓桑夏㆒」と記されるように、農業・耕作と桑・養蚕は、はっきり区別されていたと網野はいう。

平安時代には、貢調として絹糸・絹布を確保する必要から蚕糸業を奨励したため、蚕糸業は相当に普及していた。『延喜式』には、上糸国（近江、阿波、紀伊など）十二ヶ国、中糸国（丹後、播磨、讃岐、伊予、土佐、遠江など）二十五ヶ国、麁糸《そし》国（常陸、上野、甲斐、伊豆など）十一ヶ国、計四十八ヶ国の蚕糸産出国を記している。『類聚三代格』弘仁八年（八一七）十二月二十五日の太政官符にみられる伊勢国多気郡の桑は十三万六千五百三十三根、度会郡は五万八千四百五十根という、膨大な根数におよぶものである。網野は、これだけの桑による養蚕によって生産される糸・綿・絹が、単に貢納品だけに充てられたとするのは不自然ではないかという。さらにこれだけの比重を「百姓」の生活のなかにもつ、養蚕から絹・綿・糸の生産まで、すべてをになっていたのは、一貫して女性であったと指摘する。

古代においても、『続日本紀』霊亀元年（七一五）十月七日の詔に「男は耕転に勤め、女は維織を脩め」とあるのをはじめ、『類聚三代格』元慶三年（八七九）十二月四日の官符に「京戸尽之女事、異二外国一、不知蚕桑之労」、さらに「尾張国郡司百姓等解文」には、「農夫」は鋤による耕作、「蚕婦」は桑と繭糸の業に結びつけられている点などから、女性が桑、蚕、繭糸とかかわっていたことは間違いなかった。

京都の祇園社（現在の八坂神社）に属していた南北朝時代の綿座《わたざ》神人《じにん》、小袖座《こそでざ》神人はすべて女性であり、『七十一番職人歌合』でも機織、紺掻《こんかき》、帯売、縫物師、組師、自布売、綿売など、繊維製品にかかわる職人、商人は女性だった。また近世では、甲斐国山梨郡上井尻村東方の享保九年（一七二四）の明細帳には、「当村蚕」の項に「是ハ女之稼仕、糸ニ取下まゆハ綿ニ仕、まゆニ而も払商人ニ売申候」と記されている。

女性はおそらく非常に古くから、養蚕、糸取、絹織物をはじめ、麻、木綿まで含む繊維関係の生産部門をにない、その生産物を自らの裁量で市庭において売却、交易するという活動に従事していた。

こういった網野の考察を裏打ちするのは、生まれ故郷山梨の思い出であった。

私の郷里は山梨県ですが、母の世代の女性はみな自分で蚕を飼って糸をとっていました。私の母は体が弱かったのでやりませんでしたが、妻の母は最初から蚕を養い、糸をとって機織りして、ウチオリという手製の絹織物を布団地にして結婚の贈り物にしてくれました。そのように、私どもの母の世代まではみな養蚕・機織りをやっていたのです。ですから養蚕はすべて女性の仕事だということは当たり前であったのですが、それについてこれまでの歴史研究者は意識的に追究しようとはしませんでした。

（網野善彦『宮本常一『忘れられた日本人』を読む』）

なぜこのようなことが、日本社会の歴史をみるとき、注目されてこなかったのか。網野善彦はそれは公的な世界で税を出しているのが、すべて男性だとみなされてきたからだという。たとえば絹や布は、古代の調庸、中世の年貢になっているものの、それを納めた文書や付札に名前が出てくるのはすべて男性で、女性の名前は表に出てこない。このため養蚕や織物という、きわめて重要な分野における女性の社会的な役割が、これまで研究者の視野から抜けおちていたのではないかというのである。

4 近世の技術革新

蚕業の奨励

江戸時代になると、武士以外の人びとの絹の着用は禁止されるが、能装束や小袖などの高級織物は保護され、中国から生糸が輸入された。その対価として支払った国内の銅の大半がなくなるほどで、中国からの輸入を減らすため幕府は養蚕を奨励した。また参勤交代、都市への人口集中、城下町の発展は貨幣、商品経済を発達させることとなり、絹織物にたいする需要を増大させた。

いっぽう各藩でも、財政の建て直しや下級武士の救済のために、西陣から技術を学び、金沢の「友禅染」、上州の「桐生織」、山形の「米沢織」、茨城の「結城紬《ゆうきつむぎ》」、仙台の「仙台平《せんだいひら》」など、独自の織物を生みだした。これに伴い養蚕業も、それまでの近畿地方中心から関東、東北へとひろがっていった。紬糸《つむぎいと》からつくられた紬は「名主、百姓女房はおかまいなし」と、着ることが許されていた。丈夫で美しい紬は、各地で特徴あるものがつくられるようになった。

江戸時代後半に入ると各地で蚕の飼い方の研究が進められ、元禄時代以前にはなかった多数の養蚕技術書が出版されて普及していくことになる。馬場重久『蚕養育手鑑』、塚田与右衛門『新撰養蚕秘書』、上垣守国《うえがきもりくに》『養蚕秘録』、成田重兵衛『蚕飼絹篩《こかいきぬぶるい》大成』などである。

享和三年（一八〇三）に出版された『養蚕秘録』の著者である上垣守国は、但馬国養父郡（現在の兵庫県養父《やぶ》市）の養蚕業発展のため、信達地方（福島県の信夫郡および伊達郡）を毎年のように訪ねて、研究を重ねた。その成果をまとめた『養蚕秘録』は養蚕指導書として広く読まれ、長崎出島のオランダ商館医のシーボルトも帰国する際に持ちかえり、フランス語やイタリア語に翻訳された。こうしてヨーロッパに紹介された日本の養蚕技術書は、フランスのパスツール研究所でもテキストとして使用され、交配技術は遺伝学研究の貴重な資料になったという。

生糸、蚕種の増産のための改良にあたっては、夏蚕《なつご》・秋蚕《あきご》飼育の開始と寒暖計の使用も大きな役割を果たした。

『信濃蚕業沿革史料』によると、夏蚕は、文政、天保年間（一八一八〜一八四三年）に上田地方ではじまり、松本地方にひろがって、上州、武州に伝わったとされる。秋蚕も、信州で蚕種を風穴に貯蔵することにより、夏蚕の発生を秋季に延ばせることが発見され、慶応年間

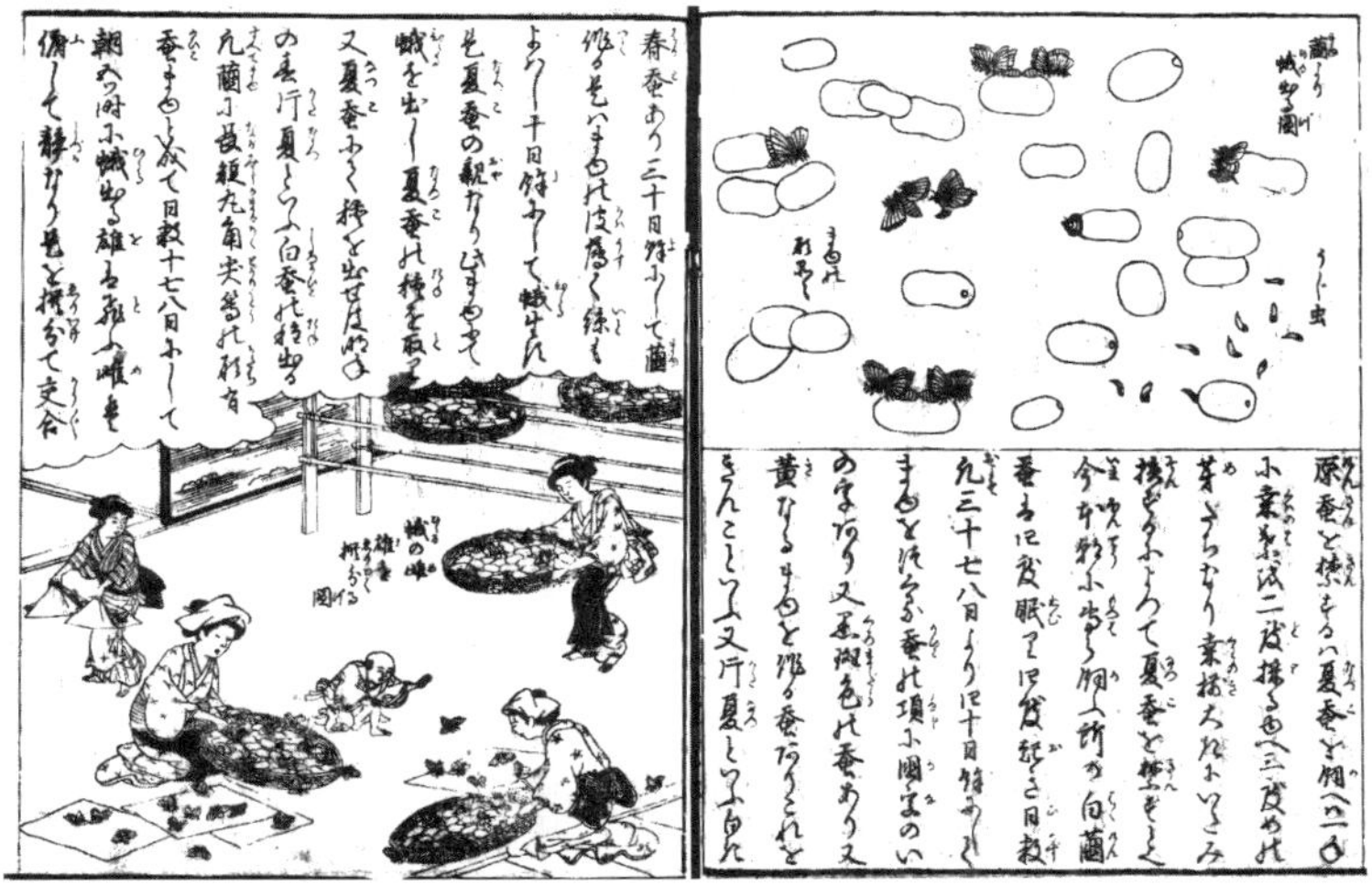
上垣守国『養蚕秘録』国立国会図書館蔵

(一八六五〜一八六七年)から普及したといわれる。夏蚕、秋蚕は、ほかの農作物との労力の配分上、春蚕の飼育ができない農家でも可能だったため、浸透していった。

　蚕は、卵から孵って繭をつくるまで約三十日かかり、その大半を人の手で世話をする。十九世紀に入ると、自然に育てるだけでなく、蚕室の温度調節をして成育を助ける飼い方が進歩した。

　伝統的な養蚕は「清《せい》涼《りよう》育《いく》」といって、自然の温度で蚕を飼育する、天候に左右される不安定なものだった。幕末には、人工的に温度や湿度を管理し、蚕を効率的に飼育しようとする温暖育が試みられるようになったものの、それでも勘と経験による不安定さを拭いきれなかった。

天保十三年（一八四二）、岩代国の中村善右衛門が発明した温度計（蚕当計）とその利用による飼育方法は、日本の養蚕技術を大きく変えたといわれる。シーボルトから医術を学んだ二本松の藩医稲沢宗庵から、体温計の製作方法を知った善右衛門は、研究の末、寒暖計を自製することを修得。嘉永二年（一八四九）「蚕当計」と命名して一般に頒布した。蚕当計の発明によりはじめて、温度・湿度を正確に管理する温暖育が可能になった。

また繭から生糸をとる方法にも技術の進歩がみられた。江戸時代の中期では、「胴繰り」と呼ばれる木製円筒に巻き取る方法が主流だったが、やがて「手挽き」と呼ぶ糸枠に手回し把手（ハンドドル）がついたものが現われ、糸とりの速度を早めた。十九世紀末に上州で「座繰器」が発明されると、製糸技術は一挙に能率をあげた。座繰器は歯車を使って糸巻き速度を増加させる画期的なものだった。

「合掌造り民家」のなりたち

近世以降、山間部にまで養蚕が広まったようすは、独自の発達を遂げた民家建築にみることができる。

ユネスコの世界文化遺産に登録されている「白川郷・五箇山の合掌《がっしょう》造り集落」は、飛越地方の白川郷と五箇山にある「合掌造り」民家が集まる集落群である。合掌造りは、木材を梁《はり》の上に掌を合わせたように山形に組み合わせて建築された、切妻《きりつま》造りで急勾配の茅葺《かやぶき》屋根を特徴とする家屋である。ここでは家内工業として和紙漉き、塩硝作り、養蚕がおこなわれたが、家屋の大型化に最も大きく寄与したのは、養蚕業だった。

切妻造りは屋根裏の容積を大きくできるため、小屋の内部を二層から四層に分け、蚕の飼育場として使用していた。また、白川郷の合掌造り屋根が、妻を南北に向けているのは、冬季は融雪と茅葺屋根の乾燥を早め、風の影響を少なくする効果があった。さらに夏季は屋根裏部屋の窓を開放し、南北の風を吹き抜けさせることで、夏蚕が暑さにやられないようにすることもできた。

合掌造り民家の建築的意義は、ドイツの建築家ブルーノ・タウトが、著書『日本美の再発見』（一九三九年）によって、多くの人が気づかされるところとなった。タウトは、昭和八年（一九三三）から十一年まで日本に滞在し、各地を旅した。桂離宮を日光東照宮と比較したうえで前者に日本の伝統美を見いだした。また、日本独特の建築様式である数寄屋造りがモダニズムに通じることを評価するなど、日本の建築界に大きな影響をおよぼした。

……十三世紀に源氏に滅ぼされた平家の残党は、飛騨白川の山奥に逃れた。ここに幾軒かの農家があり、もちろん現在にいたるまでには何遍か造り替えられはしただろうが、しかし昔ながらの構造を保存している。これらの家屋は、その構造が合理的であり論理的であるという点においては、日本全国を通じてまったく独得の存在である。私はそこの一番大きな家を最上階の屋根にいたるまで仔細に点検して、ここに用いられる大工の論理が、すべての点でヨーロッパのそれと厳密に一致していることを確認した。このような構造は、まさにゴシック式と名づけることができるであろう。

（「日本家屋の基礎」）

……二階以上の床は竹簀張りである。だから最上階からも階下の囲炉裏火が見えるし、また厩の上からは馬が見える（厩も家屋の内部にある）。下の炉でもやす炉火の煙は各階層を通りぬける。こういう構造はすべて養蚕の便を図ってのことである。

（「飛騨から裏日本へ」）

大正十一年（一九二二）に刊行された今和次郎《こんわじろう》の『日本の民家』は、日本の民家研究の先駆的業績として知られる。この本は初版後に改稿や増補を重ね、現在普及している岩波文庫版は昭和二十九年（一九五四）相模書房版にもとづくものである。その「採集」編に収録されている「飛騨白川郷の民家」は二十九年版から追加されたものだが、合掌造り民家の歴史と特徴をよく捉えている。

……山はすべて藩や寺の所有であり、わずかな焼畑ではとうてい稗飯《ひえめし》の生活からは脱しきれず、硝石の秘密工場としての藩の御用を勤めていても、それも過剰人口を支えるには力が弱い。そこで更に山にある桑を頼りにして養蚕もやっていた。それからの収入を生計の中心にすることは、絹として藩への上納はあったたし、また肩によって数十里を運び出す苦痛はあったにしても、なおかつ割合に有利な生業ではあった。そこでできるだけこれを多く飼育し、中には二百貫も繭をとった家の記録もある位精進したものである。

今はつづけて、合掌造り民家の構造となりたちについても説明を加える。飛騨地方の養蚕は平飼の天然育であったから、蚕室の面積は膨大なものになる。しかし土地が狭いため、住宅を立体的に使い、二階以上を蚕室にする必要がある。それが屋根裏が三階、四階という、巨大な空間を生んだ主因ではないか。その結果、居住とは直接つながりはなくても一階の平面規模が規定され、さらに採光のために切妻形式がとられて巨大なボリュームを構成することになった。つまりこの地域の合掌造りは、「居宅兼用蚕室」の一つの現われであったと今は指摘する。さらに今は「養蚕と家屋」(一九六四年)でも、「もし、日本の過去に養蚕に夢中になった農民がいなかったとすると、民家としてみる住まいは、いたって単調な形のものだったろう」と、日本建築に養蚕業が果たした役割を強調している。

5 工女から女工へ

官営富岡製糸場

江戸時代末から勧められた製糸の機械化は、明治時代になるとさらに進んだ。殖産興業の方針から、明治五年（一八七二）に「富岡製糸場」が創業され、ここから多くの技術者たちが育ち、各地の製糸技術の向上に貢献した。また、関東・中部地方を中心に近代的な製糸工場が建設されると同時に繭を作る養蚕農家も全国に広がり、養蚕業の最盛期一九三〇年代には、農家の四十パーセントで養蚕がおこなわれていた。こうして明治から昭和初期にかけて、生糸は日本からの輸出の七十パーセントから四十パーセントを占め、一九〇〇年ころからは中国を抜いて、世界一の生糸輸出国になった。最大の輸出先はアメリカで、生糸で得た利潤で近代化のための機械を買った。

開港当時の輸入品の筆頭は、綿花、綿製品で、輸出品のおもなものは、生糸、蚕種それに茶だった。輸出品中に主位を占める生糸と蚕種の輸出は、国内需要のみだった日本の蚕糸業の刺激となり、新しい地域にも蚕糸業を勃興させるきっかけとなった。

幕末のころ相州厚木の宿《しゅく》というのは家が一八軒のさびしい在所で、江戸から相模大山へ参る者がここで休憩したり、宿泊したりする程度であったが、明治にはいると人馬の往来があいつぐようになってきて、宿場はにわかにふくれあがっていった。それは山梨地方の絹商人が横浜に出ていったり、八王子あたりの繭商人が繭を買いにくるようになったためであったという。それまでこの地方はムギ畑と雑木林がいりみだれていた。（略）その雑木林が見る見るうちに伐りたおされて、クワが植えられ、どこの家でも蚕を飼うようになった。（略）そして、八王子から関東平野の西の山麓地帯を群馬までクワ畑がつづくようになるまでひらかれてくるのである。と同時に、この地方で貧しくくらしていた農家は次第に立ち直ってきたのであった。

（宮本常一『開拓の歴史』）

こうして江戸時代の終わりごろには、国内での生産量はついに、中国からの輸入量の二倍以

上になった。

＊

日本の生糸の貿易量は増加していったものの、海外での評価は糸が太くふぞろいで、品質の悪いものとされていた。こういった品質の一因は座繰り製糸によるためであったため、明治政府はヨーロッパの機械製糸を導入する必要に迫られた。

一八五五年にスペインで発生した蚕の微粒子病がヨーロッパ全土に広まり、フランス・リヨンの絹織物産業に打撃を与えた。この際、日本の蚕が病気に強いことや日本でも上質の絹が生産されていることが伝えられ、リヨンから横浜へ生糸と蚕を買いつけにくるものが殺到した。しかしこの事態によって生糸価格は暴騰し、また粗悪品が出回り、日本の生糸の評判が落ちた。明治政府は、日本の生糸の品質の向上と需要の拡大のため、リヨン近郊出身の技術者ポール・ブリュナーを招いて、明治五年（一八七二）群馬県の富岡に官営の「富岡製糸場」をつくった。この工場は蒸気機関を動力に用い、二十五人分の繰糸機を十二連備えた、最先端技術を導入した工場だった。

富岡製糸場は生糸の大量生産のため、手作業での生産から機械での大量生産に切り替わった工場だったものの、手先が器用な若い女性を従業員として確保することが、重要な課題だった。そこで、創立責任者の尾崎惇忠は当時十三歳だった長女のゆうを入場させ、また各地の士族も率先して富岡に子女を向かわせた。こうして明治六年四月には、五百五十六人の女性たちが富岡製糸場に集まった。

＊

富岡で女性従業員は、「女工」ではなく「工女」と呼ばれた。

宮本常一は「女工たち」と題した一篇（『女の民俗誌』所収）で、故郷、山口県周防大島時代の記憶を語る。

私のまだ幼かったころ、時折祖父からきかされたことがある。

いまの工女（私の祖父は女工とはいわなかった）は貧乏な家の子がなるものだが、昔はさむらいの娘がなったものである。上州の富岡というところに日本ではじめての製糸工場ができて、そこへ山口県からもたくさん工女がいったが、そのとき工女となった娘たちは三田尻《みたじり》から軍艦に乗って大阪まで送ってもらったということである。

これから新しい世の中が来るというので、それこそ大家のお嬢さまが模範を示すためにすすんで出かけてゆき、それを送るのに軍艦を用いたというのであるから、みんなの意気込みも大へんなものであったろうし、それは一般民衆の世間話として長く伝えられるほどの大事件であったと思う。

昭和六年（一九三一）に信濃教育員会が編集して出版して世に出た『富岡日記』は、工女たちの生活を伝えるものである。

筆者の和田英子《えいこ》（英《えい》）は当時横田姓を名乗り、十七歳の少女だった。兄にはのちに大審院長になった横田秀雄や、鉄道大臣になった小松謙次郎がいた。英子は、明治六年（一八七三）三月工場に入り、七年七月には郷里の長野松代にできた製糸場、六工社《ろっくしゃ》に移った。彼女が、明治四十年に知人のすすめで工女時代のことを半紙判罫紙に、「明治六・七年松代出身工女富岡入場中之略記」と名づけて書いたのが、『富岡日記』である。

英子の生家は、松代藩の軍学師範だった。当時は、「富岡製糸場へ行くと血をとられる」「あぶらをしぼられる」と評判で、「区長（英子の父）のところにちょうど年頃の娘があるのに出さぬのが何よりの証拠だ」といわれたので、英子は喜び勇んで、富岡へ出かけていった。その旅装は、明治元年の戦争の際、父親が用いた中黒ラシャの筒袖、袴は藤色の織出しのある糸織緞子《どんす》の義経袴だった。つまり男装で出かけていったのである。英子のそんな旅装を、宮本常一は、「女性の明治の夜明けはそんなところからはじまったのである」と表現する。『富岡日記』では、開明的な士族の娘である英が、糸が切れないことを願って信心するようすも興味深い。

……このような時も神の御力を願うより外はないと存じまして、糸を揚げながら一《いっ》心不乱《しんふらん》に大神宮様を祈って居りました。南無天照皇大神宮《なむあまてらすこうたいじんぐう》様この糸の切れませぬように願いますと、このことを申続けまして、少々切れぬことがありますと全く神の御助けと信じまして、その間は大枠と大枠の間の板に腰をかけまして、糸を見つめて両手を合せ指と指とを組み、大声に申しつづけて居ります。しかし蒸気の音が実にひどう御座《ござ》いますから、そばに居る人にもわかりませんが、毎日毎日そのように致して居りますから、何を申して居るかと糸をとる人があやしんで後をふり向いて見て居ります。

皇后の養蚕

明治の初め「工場」ではなく「宮中」で養蚕にたずさわった女性たちもいた。

明治五年（一八七二）、群馬県佐波郡島村の蚕種業者田島弥平の長女田島民《たみ》はほかの十一人の女性とともに宮中に滞在し、養蚕を経験した。このときのようすを記した日記は現在、論考「皇后の養蚕」「田島民が生きた時代と環境」とともに『宮中養蚕日記』（高良留美子編）で読むことができる。

宮中養蚕は、明治天皇の皇后美子《はるこ》（昭憲皇太后）が、「宮中において養蚕をはじめたいが、どのようにしたらよいか。その道の知識経験のあるものに聞くように」と要請し、これに渋沢栄一が回答することで、明治四年にはじめられたという。明治政府の高官は下級武士出身のものが多く、養蚕を知るのは、当時大蔵大丞《だいじよう》を務めていた武蔵国榛沢《はんざわ》郡血洗島《ちあらいじま》村（現在の埼玉県深谷市血洗島）出身の渋沢栄一しかいなかったためだと考えられる。宮中養蚕がはじまると、大蔵省はこれを記事にした新聞を買いあげ、各府県に配布した。これも渋沢栄一が命じたことではないかと高良は推測する。渋沢は富岡製糸場の開設にも尽力することとなる。皇后の養蚕は、「御養蚕絵」と題して錦絵にも描かれ、石井研堂の『明治事物起原』（一九〇八年）にも、「桑茶栽培の流行」という項目のなかでふれられている。

なお現在も、「皇后の養蚕」とともにつづけられている「天皇の稲作」は、皇后の養蚕より新しく、昭和二年（一九二七）に昭和天皇が、内大臣秘書官長や侍従次長兼皇后宮太夫などを勤めた河井弥八の発案ではじめたものだった。

＊

美子皇后がはじめた宮中養蚕は、英照皇太后（孝明天皇妃）、貞明皇后（大正天皇妃）、香淳皇后（昭和天皇妃）、そして現在の美智子皇后にまで、引きつがれてきた。

明治十二年、英照皇太后が青山御所内に「御養蚕所」を新設し、養蚕を再開。田島弥平の設計で、木造二階建て、一階は飼育室、二階は蚕が繭をつくるための上蔟室《じょうぞく》だった。隣には小さな蚕室も併設され、華族の子女が蚕の飼育をおこなっていた。その後も青山御所での養蚕はおこなわれ、英照皇太后が崩御する前年、明治二十九年までつづけられた。

明治四十一年、皇太子妃節子《さだこ》（のちの貞明皇后）により、青山御所内御養蚕所での蚕の飼育が復活されることとなった。節子は幼少のころから養蚕に関心があり、青山御所で、明治四十五年までは皇太子妃として、大正二年からは皇后として「御親蚕」をおこなった。大正三年には、本多岩次郎設計の御養蚕所が、皇居内紅葉山に新設された。木造二階建てで、伝統的な蚕室と近代的設備を備え、本格的に養蚕がおこなわれるようになった。貞明皇后は戦後の昭和二十二年（一九四七）「大日本蚕糸会」の総裁に就任。蚕糸関係施設の視察や、蚕糸関係者、養蚕農家を激励して各地をめぐった。現在の美智子皇后は、平成元年（一九八八）に香淳皇后より養蚕を引きついだ。

イザベラ・バードが見た養蚕

イギリスの旅行家イザベラ・バードは、明治十一年（一八七八）の六月から九月にかけて、通訳兼従者の伊藤鶴吉とともに、東京を出発し、日光から新潟で日本海側に抜け、北海道まで至る旅をした。また十月からは神戸、京都、伊勢、大阪を訪ねた。これらの旅は一八八〇年に「Unbeaten Tracks in Japan（「日本における人跡未踏の道」）」二巻（第一巻は北日本旅行記、第二巻は関西方面の旅行記）としてまとめられた。邦訳では『日本奥地紀行』と名づけられている旅である。

その「第二十三報　繁栄する地方」は七月十五日に山形県南東部の上山《かみのやま》で記された。バードは、手ノ子（現在の山形県西置賜郡飯豊《いいで》町大字手ノ子）から六マイル（約十キロ）歩いて小松（現在の山形県東置賜郡川西町小松）に至った。人口三千人、綿製品や絹と、酒の取引がさかんな小松の近郊で、バードは養蚕農家を見学した。

――生糸《きいと》は至る所で見かける。またどの家でも一番よい部屋を生糸のために使っている――

し、だれもが生糸を話題にする。この地方は生糸で生計を立てているようである。多くの村では、莚《むしろ》の上にさらしてある。見たところおいしそうなアーモンド入りの菓子そっくりの繭《まゆ》を踏み潰さないように気をつけないといけない。この宿の主人は私を養《よう》蚕《さん》農家に連れていってくれた。ここでは蚕卵《エッグ》の飼育と良質の生糸の生産の両方を行っている。蚕卵のためには繭を一二日から一四日の間、底の浅い籠に並べる。これが終わると蛹《さなぎ》は気持ちの悪い、小さくて白い蛾《が》に変わる。その蛾を一〇〇〜一三〇匹、厚紙の上に並べると、一二時間で厚紙は蚕卵に覆われるので、それを秋まで吊り下げておく。そのあと、この厚紙を箱詰めにしておくと、翌年の春には蚕卵が孵化《ふか》する。当地産の最も良質の厚紙は一枚三円五〇銭で取引される。養蚕の時期は当地では厚紙を吊り下げる四月初旬に始まる。ほぼ二二日間で蚕が姿を現す。女たちは、蚕を用心深く観察しながら、底の浅い籠に敷いた紙の上に厚紙を載せたり、すべての卵が孵化するまで三日間、毎朝蚕を羽で掃いたりする。蚕が食べる桑の葉は非常に細かく刻み、葉の繊維を取り除くために篩《ふるい》にかけたあと黍《きび》のふすまと混ぜ合わせる。蚕は、紙から離し、莚を何層にも敷いた上に置いた清潔な籠型の仕切り箱に移される。蚕は四眠する。第一眠は孵化の一〇日後におこる。残りの三眠の期間はそれぞれ六日ないし七日である。この間、これに関わる人々には細心の注意が求められる。餌は普通は日に五回与えるが、気温が高いと八回ほどになる。蚕が大きくなるにつれて餌の刻みも粗《あら》くなり、第四眠のあとは刻まない葉を与える。蚕が餓死しても食べすぎてもいけないので、餌の量はきわめて正確に計られる。またこの上ない清潔さと一定した気温が求められる。さもないと病気が発生する。昼夜を問わず見守っていなければならないので、この時期、女たちは他にはなにもできない。四眠するとまもなく蚕は食べるのをやめる。そして糸を吐く場所を探すのが観察されたら、質の非常によい蚕を拾い取り、藁《わら》でできた用具に移す。この上で蚕は三日間繭を作る。繭から生糸をとる時には、まず繭を平籠に入れて三日間日向《ひなた》にさらし、蛹《さなぎ》を殺してしまう。

私が通った家は、ほとんどどの家でも女たちが糸を繰る仕事をしていた。この工程では繭は銅製の鍋にみなぎった湯に入っている。その鍋の縁には馬の毛でつくった輪や極細の針金の鉤《かぎ》が付いている。最良の生糸を得るには、一度に五、六個の繭を取り出して手に取り、その糸口を左手の人差し指と中指でこの輪に通して糸繰り枠にたぐりつつ、右手でそれを回す必要がある。大変な熟練が求められる。湯は非常にきれいでなければならないので、使う前には必ず濾過《ろか》して不純物を取り除く。さもないと生糸本来の光沢が損なわれるのである。

バードはこのあと、米沢盆地を「エデンの園」「アルカディア」と称えた有名な一節を記している。「鋤《すき》の代わりに鉛筆で耕したかのよう」な風景、「晴れやかにして豊穣《ほうじょう》なる大地」。このあたりは繁栄し、自立し、抑圧とも無縁である。アジア的圧制の下では珍しい美観であるが、それでも住民は「大黒《だいこく》」を第一の神とし、物質的な幸せをひたすら願っているようである。

バードが養蚕の工程を見学した小松近郊の集落は、吉田村（山形県東置賜郡川西町吉田）だった。そこは「そのうちでも最も美しく、潤っている。しかしここでさえも、自分の手を動かし自ら働いていない大人は男女問わずだれ一人いないし、半裸姿が普通なのは山の村と同じだった。もっとも、子供たち、特に女の子は絹の着物をきちんと着せてもらい、緋《ひ》色のものをたくさん身につけていた」。

十六世紀に起こった宗教改革で逃れてきた、プロテスタントの絹職人を受け入れたイギリスでは、絹の国産化をたびたび計画したものの、自国では蚕を育てることができなかった。養蚕に成功した新大陸の植民地も、アメリカ合衆国として独立してしまった。イギリスはヨーロッパ諸国以上に中国産の良質な生糸を求めた。こうした英清間の貿易不均衡が、アヘン戦争の遠因となったという説があるほどである。

「郡是」とキリスト教

京都府南丹地方の綾部で創業した製糸業者は、会社の発展と良質な絹糸をつくるため、キリスト教を工女の教育に用いた。その詳しい歴史については杉本星子が、「日本の近代製糸業とキリスト教精神」で詳しく紹介している。

東日本の製糸業が明治初期から技術開発を進めていたのにたいして、京都近郊の製糸業は西陣向けの手挽糸生産にとどまり、品質の悪い生糸の生産地とみなされていた。綾部の庄屋に生まれ小学校の教員をしていた波多野鶴吉は、蚕糸業の体質改善を決意し、南丹地方の蚕糸業組合の組合長となり、蚕糸業の振興をめざした。波多野は製糸工場を設立するにあたって、綾部で天蚕飼育をしていた田中敬造を訪問。また技術を習得させるため、新庄倉之助と高倉平兵衛を前橋の蚕糸業者深澤雄象《ゆうぞう》のもとに送った。田中は、四国の伊予で日本基督公会の押川方義《まさよし》の演説を聴いて感銘を受け、丹波教会で洗礼を受けていた。新庄と高倉は、ロシア人宣教師ニコライから洗礼を受けていた深澤のもとで、キリスト教の影響を受けて帰郷した。

波多野は明治二十二年（一八八九）、器械製糸工場「羽室組」を設立。南丹地方の製糸業は座繰りを経ずに手挽きから一気に器械製糸に移行した。明治二十三年に洗礼を受けた波多野は、二十九年には蚕糸業組合を母体にした会社の社名を、何鹿郡の発展に寄与するようにと「郡是《ぐんぜ》製糸株式会社」と命名した。現在のグンゼ株式会社である。

良質で均質な糸をつくるには、同一の優良繭が必要である。郡是はそれを養蚕農家と特約関係を結ぶことによって達成した。特約農家はまた労働者である工女たちの供給源でもあった。波多野は工女を対象とした社内教育や、契約養蚕農家とのつながりをとおして、南丹地方の農村におけるキリスト教の布教に努めた。

郡是では、明治三十年に「夜学」を開始し、三十六年からキリスト教の指導も導入した。工女たちは全寮制のもとに生活し、働くとともに、夜学で養蚕法、裁縫、修身、読書、算術を学んだ。四十二年には教育部が設置され、ここでは工女だけではなく、社長以下、会社全体を教育し、融和して「小天国」を形成するという理想を掲げた。郡是では、「労働」と「修道教育」は事業の表裏とされ、「表から見れば工場、裏から見れば学校」といわれたのである。

出口なおと養蚕

近代の新宗教の女性教祖もまた、地域の養蚕業とかかわりをもった。安丸良夫《やすまるよしお》の『出口なお』には、「大本」の開祖である出口なおが、明治二十年（一八八七）ころ極貧生活のなかで、蚕の「糸引き」をしていたことが描かれている。

ボロ買いのほかに、なおは泊まりがけで糸引きに行った。糸引きはボロ買いよりも稼ぎがよく、それでいくらかまとめて借金をかえしたりその利子にあてたりすることもできた。しかし、家を離れねばならないことと、夏だけの季節的なものであることが辛いところだった（そのころ、この地方の養蚕は夏蚕が九〇パーセント以上をしめていた。まもなく春蚕が急増するが、同時に手挽きが消滅してゆく）。糸引きから帰ってきたなおは、膳椀などが乱雑に散らかった乞食小屋のようなわが家を見なければならなかった。

安丸はおもに『三丹蚕業郷土史』によるとして、綾部近辺の製糸業について叙述する。この地方は明治十年代にはいっても、手挽きが圧倒的で、座繰りの導入も微々たるものだった。何鹿郡に器械製糸が導入されたのは明治十五年のことで、急速な発展が見られたのは、十九年以降二十年代初頭にかけてのことだ。海外市場の活況に、丹後縮緬の発展がかさなって、細糸の需要が急増し、器械製糸の利益はきわめて大きかった。

何鹿郡では明治二十年には、器械一二〇四貫、座繰り一三四貫、手挽き二五二貫と、器械製糸が圧倒し、二十四、五年ごろには手挽きは廃絶したといえる。綾部では梅原和助が二十年ごろには気缶（ボイラー）を購入して五十釜の工場がつくられ、これがのちに郡是製糸創業時の主力工場となった。

こうして、なおにとってもっとも割のよい現金収入の道であった糸引きが、綾部周辺ではいちはやく消滅したことは、なおには大きな打撃だったはずである。二十年代のなおは、筆先によると、亀岡、篠山、和知など、かなり遠くまででかけて糸引きに従事しているが、それはこうした事情によるのであろう。篠山では八〇人のなかで糸引きをしたとあるように、これらの多くは手挽き工場だったと思われる。しかし、手挽き工場がさかんだったのは、十年代末から二十年代はじめにかけてのごく短い期間であり、とりわけ何鹿郡では早く消滅してしまったのである。

明治二十七年十月頃、四方平蔵の自宅に設けられていた「広前《ひろまえ》（神殿）」には、金光教の祭神と、なおが書いた筆先を神体とする艮《うしとら》の金神がならべて奉斎されていた。六畳一室の広前はすぐ手狭になり、祭礼は、大島家の表座敷をかりておこなわれた。年末には四方源之助の八畳二間の養蚕室へ移り、養蚕がはじまる翌年四月には、西岡弥吉の家へ移った。『出口なお』に収録された「広前の移転」を示した地図には、この範囲を桑畑が占めていたことがわかる。現在の大本本部、綾部祭祀センター「梅松苑」も、かつては桑畑だったのである。

＊

原武史の『皇后考』によると、大正六年（一九一七）十一月十六日、大正天皇の皇后節子（貞明皇后）は、京都の二条から御召列車に乗り、山陰本線を経由して京都府何鹿郡綾部町を訪れた。なお天皇は陸軍特別大演習の統監のため大本営のある彦根に向かったため、同行していない。原によると、皇后が単独で、地方の官公署や工場を視察するのは、非常に珍しいことだった。この皇后の綾部行啓の目的は、蚕業奨励であり、農商務省蚕業試験場綾部支場と郡是製糸を視察することにあった。原は主婦の友社版『貞明皇后』をもとに次のように記す。

高円寺村で育った幼少期から養蚕に興味をもっていた節子は、皇太子妃時代には飼育していた蚕や繭をしばしば裕仁に見せており、皇后になるや宮城内の紅葉山に養蚕所を新築させている。皇后は蚕を「おこさま」と呼び。御用邸から帰京したときにも真っ先に養蚕所に出掛け、「まあまあ、お前たちはよく残っていて、わたしの帰るのを待っていてくれたね」などと話しかけたという。

当時の綾部には蚕業試験場、郡是のほかにも、蚕業、製糸にかかわる学校、官公署、工場が集まっていた。なかでも郡是製糸は皇后の行啓を控えて本社事務所を新築した。この建物は「グンゼ記念館」として現在も残り、二階の御座所は「栄誉室」として、行啓時の状態で保存されている。郡是は綾部駅の北側にあったが、蚕業試験場綾部支場は駅の南側の本宮地区にあった。「皇后は綾部駅で馬車に乗り換え、まず蚕業試験場綾部支場に向かったが、その途中、同じ本宮地区にある皇道大本（現・大本）の本部の前を通過した」（原武史『皇后考』）。

なおの養子で大本のもうひとりの支柱である王仁三郎《おにさぶろう》が英文学者で浅野和三郎を主筆兼編集長に迎えて刊行していた機関誌『神霊界』の同年十二月号の「大本通信」には、「十六日、国母陛下奉迎の為、本部員一同共楽館前の指定地に集合参礼拝す」と記される。この記事について原は、「本部員一同」がだれを指すかは明らかではないものの、出口なお、王仁三郎、浅野和三郎らがいたことは間違いないと指摘する。

『あゝ野麦峠』

『富岡日記』の和田英子が郷里へ帰って製糸の指導にあたった松代の製糸場「六工社」は、明治七年（一八七四）に英子の父横田数馬の建てたものであった。数馬は娘を富岡へ送ったばかりでなく、自らも富岡へ行って雑役夫として働き、製糸機械製作の技術を身につけて郷里に帰った。そしてフランス式、五十人繰りの六工社をはじめた。

翌年、長野県諏訪湖のほとりの平野村に起こされた「中山社」は工女百人ほどの工場だったが、日本人によって創業されたこの二つの工場をきっかけに、製糸業がにわかにさかんになった。とくに諏訪湖畔には相次いで工場がつくられた。日本人のつくった工場は国営の富岡製糸場のように金をかけたものではなく、地方在住の先覚者がつくり、はじめは地元の娘たちを工女に使っていたが、人手が足りなくなって他郷からも人を雇うようになった。諏訪へは、飛騨地方の若い女性が数多く雇われていった。「諏訪へ働きにいった娘たちは武士の娘ではなかった。みんな貧しい農家の娘であった。そして娘のかせぎがそれぞれの家の生活を大きく支えたのである」(宮本常一「女工たち」)。

山本茂実のノンフィクション作品『あゝ野麦峠——ある製糸工女哀史』は、昭和四十三年(一九六八)に朝日新聞社から刊行され、二百五十万部のベストセラーとなった。昭和五十四年には監督山本薩夫、主演大竹しのぶで映画化され、その後も繰り返し映像化されてきた。

山本は十数年にわたって飛騨・信州一円を取材し、飛騨と信州の国境にある野麦峠を越えた数百人の女性たち、また工場関係者からの聞き取りをおこなった。また多くの文献資料を駆使して、当時の製糸業界の労働実態を浮きぼりにしたのである。

現金収入の少なかった飛騨の農家では、十二歳そこその少女たちが、岡谷、諏訪の製糸工場へ「糸ひき」として働きにいった。彼女たちが稼いで大晦日に持ちかえる給金は、飛騨の人びとには大切な収入になっていた。明治のはじめごろは給料も安く、一年働いても給料は一円という少なさだった。

……そんなに安くても農家の方からみれば口べらしにあるといって喜んだのである。富岡へいった工女たちとは大へんな違いであった。貧しさのゆえにふるさとの家をはやくからはなれて、山中の細道をつれの娘たちといっしょに諏訪まであるいたのである。私は松本平から野麦峠の東麓までの道をあるいたことがある。梓《あずさ》川がつくった峡谷にそって、ところどころにささやかな集落がある。その集落のなかに板葺《いたぶ》き二階建ての家がたいてい二、三軒はある。明治時代に宿屋をした家で、製糸女工たちはそういう家へとまって旅をつづけたのである。そうした宿へ多いときには千人もとまったといわれている。

（宮本常一「女工たち」）

明治時代の終わりころになると、糸引きで一年稼いで百円もうける娘が出てきた。当時の百円は農家にとってはたいへんな金額で、金をもうけてきたという噂が村にひろがると、親も娘も諏訪へと心をひかれた。はじめて工場へいく娘たちを「新工《しんこ》」といい、まだ十三歳か十四歳くらいであった。それから嫁入りまで、毎年を諏訪へ通うことになる。高山から諏訪までは百二十キロ、歩いて五日の行程だった。

＊

製糸工場は諏訪湖のほとりの上諏訪・下諏訪・岡谷に多く、とくに岡谷に密集していた。こうした工場では朝早くから夜十時ごろまで働いたが、品質の悪い糸をひいたときは、五十銭の罰金を取られた。五十銭は二日分の給料である。新工が一年働いて一円にしかならなかったということもあった。明治三十年代に、諏訪へ働きにいったものは飛騨吉城《よしき》郡だけでも三千五百人にのぼった。農家の娘のある家ではそのほとんどが諏訪へ出かけていった。

夏のお盆は工女たちの逃げるには絶好の機会で、諏訪製糸同盟は、周辺の峠や街道などの要所に共同の監視員を配置した。さらには「工男」まで動員され、これに加わされた。

「オレたち小僧は自分が逃げだしたいくらいなのに、逃げる工女のケツを追いまわしているのだからおかしな話さ」と明治二十四年（一八九一）松本出身の山本伝一はいう。「工女が下駄をふろ敷に包み、ワラ草履で一晩中歩いて（脇道の勝弦）峠を越し、朝がた疲れはてて塩尻駅へたどり着いたところをオレはつかまえた」。二人は野麦峠に近い飛騨の工女で、「どうかオレの顔をたててきょうのところは工場へ戻ってくれと頼んだが、『死んでも帰らん』には弱った。君たちを逃がせばワシが首をくくらにゃならんと哀願したがそれでも駄目で」「二、三日したら必ず帰ってくれ、見なかったことにする」といって別れたが、それきりこの工女たちは帰らなかった。「後で聞いたら、この工女の家は夏蚕の繭を全部会社に差し押さえられたと聞いた。ひどいことをするものだが、しかし約定証にはそう書いてあった」。つまり工女約定証どおり、手付金弁償のほか違約金として、その十倍から五十倍は確実にとられたのであった。

＊

「工女が女工と呼ばれるようになると事情は非常に変わってくる」と、宮本常一は「女工たち」で述べる。大正十三年（一九二四）、細井和喜蔵の「女工哀史」が雑誌『改造』に発表され、翌年には改造社から単行本として刊行され、大きな注目を浴びた。このルポルタージュは、紡績工場で働く女性労働者の生活を克明に記録したものであった。細井自身、紡績工場での労働経験があり、また妻としをも同様の経験があった。二人の体験に裏打ちされたリアリズムが、この作品の高い評価のもとであり、またこの作品に描かれた過酷な労働についても広く、「女工哀史」と呼ばれるようになった。

諏訪湖畔の製糸業

製糸業が最もさかんだったころ、長野県内の百人以上が働く大きな製糸工場の半数が岡谷市（当時の平野村）にあった。「片倉組」「山十組」など大きな製糸会社は、県外にも多くの工場をつくり、県外だけでなく中国からも繭を買うようになった。大正時代の全盛期には三万人ほどの工女が働いていたが、その三分の二は県外出身者だった。

各製糸工場は生糸の品質をそろえるために、協力して品質を検査したり、共同で繭を買うようになり、製糸結社を設けた。明治八年に須坂にできた「東行社」がその最初である。やがて経営を拡大した製糸会社は、独立して「組（組合）」をつくった。片倉組は開明社から独立して、県外にも工場を広げ、紡績会社・肥料会社・生命保険会社など各種の会社を設立した。

＊

近代日本にはおもに二種類の繰糸技術があった。

「上州式繰糸」は、中国からシルクロードを東回りで伝来した手法を、日本で改良し、江戸時代後期ころから用いられた。通常は玉繭を用い節のある玉糸をつくる。繭糸の抱合があまく、それが嵩高《かさだか》で軽い手作りの良さを生みだし、おもに紬や壁紙の素材として利用されている。

もうひとつは「諏訪式繰糸」である。古代中国を起源とする蚕糸技術が、シルクロードを西回りして、ヨーロッパに到達し、そこで「産業革命」に遭遇してイタリア式、フランス式繰糸機が開発された。明治初年にそれが日本に伝わり、信州岡谷での「諏訪式繰糸機」の開発につながった。繰糸のオートメーション化を実現した自動繰糸機も、諏訪式を出発点としている。繰糸張力が低いことなどから柔らかい風合いの糸ができ、また適度な繊度むらがあり、皺になりにくい織物は、おもに和装用として利用されてきた。

＊

宮本常一は「女工たち」で「製糸工場のあったのは諏訪だけではない」と強調する。「養蚕地のいたるところに大小の差はあってもみなつくられた。そして付近の娘たちがそこで働いたのである」といい、周防大島時代の思い出を語る。

……私の周囲にも製糸工場で働いた女の人が何人もいる。小学校六年を終えるとすぐ工場へ出かけていった子もいた。家が貧しくてそうしなければすまなかったのだが、大柄のかすりを着、赤い帯をむすんだその子を汽船の乗り場まで送っていったことをいまもおぼえている。女の子は愛媛県の大洲《おおず》の製糸工場へ働きにいった。女の子はそういうところへ働きにいくのがあたりまえのように思ってか暗い顔もせず、むしろ明るかった。その子ばかりでなくいっしょに出かけていく年上の娘たちもみな明るいかおをしていた。そしてその子たちが汽船の甲板でいつまでも手をふっていた。さいわいそのようにして大洲へ働きにいったもので病気になったり、男になぶられたりして帰ったというものは一人もいなかった。

宮本は、それから十年ほど経って、その女性から工場での生活を詳しくきいたことがあるという。彼女がいうには、「弱いものが強く生きようとすればすぐ仲間をつくる。彼女も同郷の娘たちと仲間になってお互いを守」った。そうしてその工場で五年働き、一人が結婚で辞めることになったとき、ほかの仲間も一緒に辞めてしまった。そして女性はこんど、女中奉公にいったという。

宮本常一は『女の民俗誌』のなかの「母の思い出」で、母親とともに桑取りにいったときの記憶を綴っている。

あるとき宮本は母親と一緒に山畑の桑を摘みにいく途中、夕立にあった。大きな木は雷がよく落ちるといわれているので、母親は木の立っていない坂道の中程に、背負っていた大きな桑籠をおき、その上に莚《むしろ》をかけて、その籠のなかへ入って雨を避けた。足を折りまげて入ったが、母親の足首は籠の外に出ていた。しばらくすると雨は小降りになり、西の空が晴れてきた。籠から出てみると、あたりは生きかえったように、青々とした色が冴えていた。母親は宮本を見て「おそろしかったの」といった。そのときの母を宮本は「ほんとうに美しい」と思った。

……二人はそれから桑畑へいった。桑の葉がぬれているので摘むことができない。そこで枝をゆさぶって露をおとさねばならなかった。親子は桑畑のなかを桑の露をおとしてあるいた。すると夕立にぬれるよりもひどくぬれたが、頭の上に青い空があるとたいして気にならなかった。露をはらってしばらく休んでいると桑の葉はかわいて来たので、母は桑を摘みはじめた。夕立をさけるためにかなりの時間がすぎている。

家には腹のすいた蚕が待っているはずである。母は一心に桑の葉をとっていたが、やがて思い出したように唱歌をうたいはじめた。私も母の手伝いをした。それがどれほどのたしになったであろうか。夕方までには大きな籠が桑で一ぱいになった。母はその桑籠を背負った。荷が重いから帰りは歌をうたわなかった。私は後から一生けんめいについてゆく。休み場のあるところで休んではゆく。私も早く大きくなって母を助けたいと思った。

宮本の母は「不平も愚痴もほとんどいわぬ人であった」という。そして冬になると毎日のように機《はた》を織り、着物を縫ってくれた。家のなかから機を織る筬《おさ》の音が聞こえると、宮本は安心して外で仲間たちと遊んだという。

近代の蚕業指南

蚕の成長過程を撮影した写真を配し、額装した「蚕之一生」という印刷掛軸が埼玉県の狭山

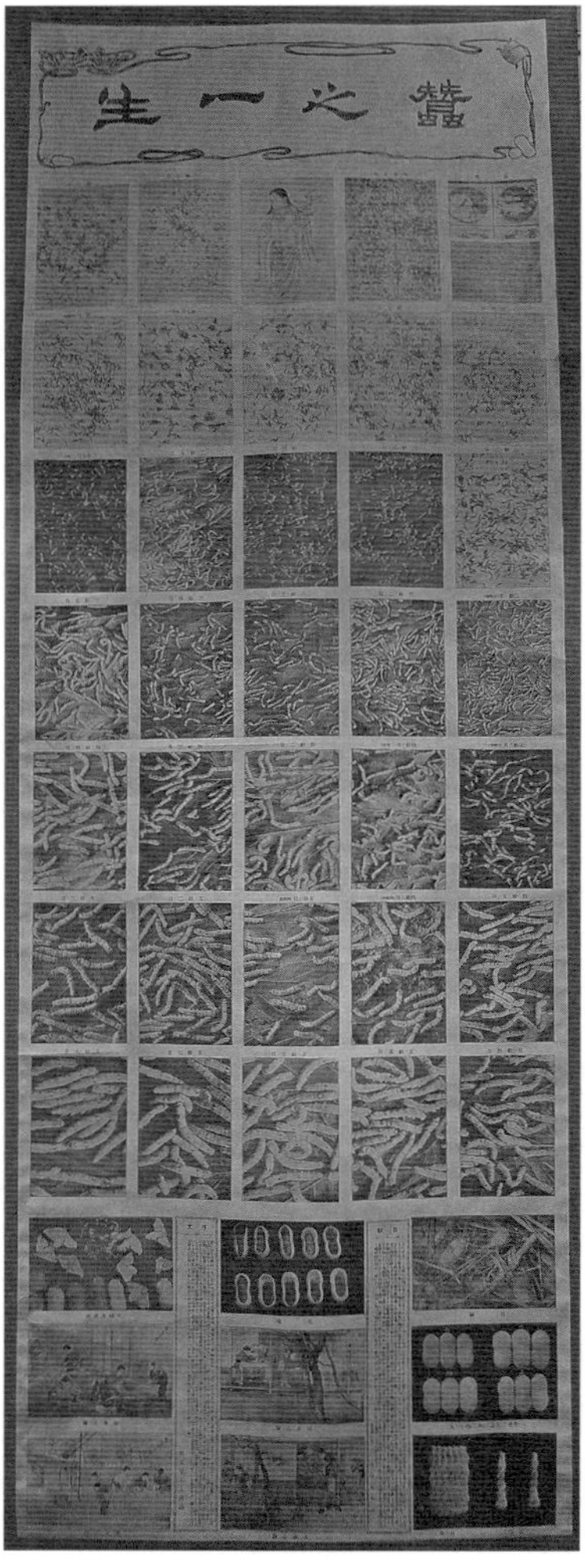

「蚕之一生」狭山市立博物館蔵

市立博物館に展示されている。「蚕之一生」の文字を掲げ、横に五図七段の写真でおもに構成。下方には縦に三図三段で、繭の写真と養蚕・製糸風景の絵が配されている。

歴史学者の遠藤基郎によるとこの掛軸は、池田如水が撮影した写真をおもな素材に、明治四十一年（一九〇八）に明文堂という出版社から刊行された『蚕之一生写真図譜』を表装したものだという。この図譜について遠藤は、池田の「自序」と明文堂主人周防某の「序文」をもとにこう解説する。池田は写真が趣味で、愛玩する蚕を日々欠かさず撮影していた。いっぽう明文堂主人は養蚕業発展のため、蚕の成長状況を知らしめる図録の必要性を痛感していた。そこに池田の写真をききつけた明文堂主人が、池田に刊行をすすめてできたというのである。

掛軸の上段中央に描かれた蚕神像を、遠藤はほかの護符から、「宇気女智神《うけもちのかみ》」だろうと推測している。

狭山市立博物館ではこの掛軸を、市内の旧家から寄贈されたものだと説明している。埼玉県西部に位置する狭山は、「狭山茶」の産地として知られるが、かつては養蚕がたいへんさかんだった。いまでも市内には、蚕神を祀った小祠や石碑があり、豊蚕祈願の祭礼もつづけられている。

こうした狭山の産業について、今和次郎は「養蚕と家屋」で次のように記している。


——……明治の初めころは、武蔵野一帯は、現在狭山茶としてそのなごりをとどめてい——

るお茶畑ブームだったのだ。それが、お茶よりもお蚕さんのほうが割りがよいというので、一面に桑畑の景色に変更された。そしてそのときに大きな家を造ったわけだ。四柱《しちゅう》（寄せ棟）の草葺《ぶ》き屋根の上に換気塔をあげるようになったのも桑畑との因縁からだ。それが、養蚕よりも野菜のほうが値がよいというので、大根や葉巻にとりついた。

地域の産業の変遷と家屋の変化を結びつけて考察した今の視線は、いまでも鮮やかである。

*

明治四十一年（一九〇八）に刊行された中谷桑実著『吾輩は蚕である』という本がある。「自序」によると中谷は、信州出身の蚕業指導者で、前年には『蚕業訓』を刊行。信濃蚕業同志会諸同人による「緒言」によると、中谷は「平常に実用的養蚕法を称え」る人で、『吾輩は蚕である』は各地の蚕界を歴任し、実業家に説いた講和筆記などにより、平易に叙述したものだという。このため、「学理や議論は抜きにして、ひたすら実用に重きをおき全体の権衡などには少しも頓着せず、言いたい放題著者の実験をいったものである」。こうしたほんらい着実な「蚕書」に、「変な題号」をつけたのは、その内容がほかの蚕書と比べて、より多く異なる方面の読者に広げようしたためであり、決して奇をてらったものではないという。

吾輩は蚕である。故郷は日本の本場という信州伊那の谷は伊賀良《いがら》の郷金竜館となん称ぶ、養育人の館で去年の五月三日、しかも八十八夜というお目出度日に出生したのである。その後の肥立は幸いにも、館主夫妻はじめ、令嬢のぶ子君やその他館員一同が、愛育してくれた結果、おかげさまに無異健全、豆息災にピチピチ発育して、多量の子供も生み、日本の全国へ縁づけてある、がそれら蚕種《こども》も縁付先には、寒い国も暑い国も、または不熱心な人も下手な家も定めて多いと思うから、それらの子供を無異健全に愛育してくるるよう、日本の養蚕家という連中へ、少しく吾輩生育上の注文を述べてみようと思う。

「吾輩と家庭との関係」「吾輩の健全なる子孫」「吾輩の好む家屋」「吾輩の好む温度」「吾輩の喜ぶ発生の手当」「吾輩の好む桑葉」「吾輩の好む取扱方」といった目次が示すとおり、蚕自らが語る養蚕のマニュアル本である。蚕の生育上好ましい環境や飼育方法などが、順を追いながら分かりやすく紹介されていく。

……綾子さんは、赤味の勝った大縞のネルの寝衣《ねまき》の上に、緋メリンスの扱帯《しごき》を締め雪洞《ぼんぼり》を片手に、蚕架の脇に立ったそのすらりっとした、またなき風情。少しく艶には失しているが、よく人間がいう蚕の女神がしばし夜の装身《すがた》にかりたといったよう。吾輩思わず見とれると同時に、しかもこういう乙女の熱心なる愛育を亨けるをいかにも深く光栄に感じたね。綾子さんはちょっと箔を引き出して、あらまあよう食ったと、もう一桑入れねば明朝まではおけんかしら？　と思案の体で、吾輩どもの頭を撫でらるるのである。

桑園地帯の暮らし

農村婦人問題に取り組んだ丸岡秀子の自伝文学『ひとすじの道』には、長野県佐久の祖父母宅に住んでいたころ、養蚕を手伝っていた経験が描かれている。

丸岡は明治三十六年（一九〇三）、長野県南佐久郡臼田町（現・佐久市）に生まれた。生母が幼くして死んだため養女に出され、そののちに生母の実家で育てられた（政治家の井出一太郎、医学者の井出源四郎、作家の井出孫六は実弟である）。産業組合中央会(現在の農業協同組合、信用金庫、生活協同組合の母体）調査部に勤務し、全国の農村生活を調査。戦後は農村婦人協会を組織し、日本母親大会開催を実現した。

ことに養蚕は、当時、信濃の女にとっての一芸であった。祖母は近所じゅうで、「おかいこじょうずのおばさん」という評価を得ていた。蚕のでき、ふできの相談ごとをもちこまれ、それに応対している姿もなんどか見た。

しかし、たいていの家では、春蚕《はるご》、夏蚕《なつご》、秋蚕《あきご》とつづけ、晩秋蚕《ばんしゅうさん》もするというのに、祖母の体力と家の労働力の弱さは、春蚕と夏蚕しかできないことを祖母は残念がっていた。それだけに蚕の掃き立て時期になるとシャンと立ちあがった。

「さあ、そろそろ、掃き立ての用意をしなければなるまい。」

そのことばは、じぶんに向けての労働宣言のように凛々《りんりん》とした響きをもち、家じゅうにたいしては協力を要求する声でもあった。

主人公の恵子は、祖母が蚕のことを「お蚕《こ》さん、お蚕さん」と呼びかけるのが、不思議だった。祖母に理由をたずねると、「そりゃあ、そうともさあ。お蚕《こ》さんのおかげで銭《ぜに》がはいるんだからさ」と答えた。恵子も小学四年ころから、桑取り、桑やり、上蔟の手伝いをした。

当時、このあたりの繭の値段は、米が十キロ約八十銭の時代に、一貫目(約三・七五キログラム)

三円五十銭ぐらいで仲買人にわたった。祖父が祖母に算盤をしめして、「うちでは繭のとれ高が、せいぜい十貫目ぐらいのものだから、これだけの苦労で三十五円の収入になるわけだ」といった。節子は、自分が少しでも家計の役に立つことができてうれしかった。その夜、祖父は一本の晩酌に酔って、「小室《こむろ》節」を歌った。

*

農山漁村文化協会が刊行する『日本の食生活全集』は、聞き書きにより日本各県の風土と暮らしから生まれた食生活、各地域の固有の食文化を集大成したものである。その第二十巻『聞き書　長野の食事』には、東山養蚕地帯の生活ぶりがよくうかがわれる。

長野県の南部、飯田盆地の扇状地に開ける松尾村も養蚕がさかんだった。「桑の中から小唄がもれる　小唄ききたや顔見たや」と伊那節にも歌われた地域である。このあたりの兼業農家では、大正から昭和にかけては養蚕が稲作をしのぎ、田にも桑を植え、繭の増産に励んだ。松尾村では苗代づくりが終わり、五月十日になると、春蚕の掃立《はきた》てがある。蚕仕事はおもに女性がになない、「食いのび（桑の食べざかり）」になると、朝は四時から夜遅くまで蚕の心配をし、昼間は桑取りに追われる。子どもたちも桑取りや給桑《きゅうそう》を手伝う。昼食はゆっくり食べている暇がないので、朝の残りの「えましごはん」（あらかじめ煮て冷ました大麦と、米を混ぜて炊いたもの）を、たくあんをおかずにしてお茶漬けで流しこむ。

……売り物にならなかった春蚕の玉繭（二ひきの蚕がつくった大型の繭）を糸にとるのが女の仕事である。早くしないと繭の中からがが出てきてしまう。こうしてとった糸で、冬仕事に家族の着物を織る。

玉繭の一部は、わらの灰でとったあく汁で練って真綿にとる。布団づくりに使うのである。野良仕事の合い間をみては衣類や食生活のだんどりにも気配りするのが、女のかいしょうである。

蚕は年に三回飼い、蚕に給桑することを「桑をしんぜる」というほど、蚕をだいじにする。上蔟の日は「おやとい」といい、子どもも動員して「熟蚕（おすがき）」をひろう。「魚はめったに食べないが、養蚕のおやといのときなど、魚屋が車へ積んで行商にくる。塩いか、塩ちくわ、塩さば干し魚のさよりなどで、大根おろしに、腹のあたりが少し赤くなった小女子《こうなご》を添えると、食欲が出る」。八月のお盆前には繭かきがすみ、夏蚕が終わると「蚕玉《こだま》祭り」をして繭の豊作を祝った。女性たちは、ご馳走を入れた重箱を持ってお堂に集まり、お茶を飲み食べながら、四方山話《よもやまばなし》を楽しんだ。また「蚕玉上げ」といって、蚕の神様の「蚕玉様」は甘いものが好きだからと、あんころ餅をお供えする風習もある。

春蚕や夏蚕の忙しいときには、夜なべでつくった「鉄火味噌」を、かぶと鉢の中へ入れておき、朝昼晩のおかずにした。鉄火味噌は、炒った大豆を鍋に入れ、小女子、味噌、水を加えて練って仕上げる。味噌味で汁が出ないようにつくるので、夏の陽気にもいたまないし、日差しの下の労働にも耐えられた。また、こうした毎日の煮炊きには、「かぜん棒」といって、桑の棒を干したものを使った。

この地方では、肉や魚のかわりに、蚕の蛹をふつうに食べる。春蚕や秋蚕上がりには、製糸場で蛹を分けてもらい、たっぷりの湯で茹でて、砂糖少しと醤油で、からからになるまで煮つける。保存もきくので、ときどきごはんのおかずにする。ところによっては繭からかえった蛾を佃煮風に煮て食べるところもある。

蚕の蛹は、鯉のえさにもなった。佐久の名物料理の素材である鯉は、「水田養鯉」といって、水田に稚魚を放流し、稲作をおこないながら鯉を育てるもので、養蚕で豊富にある蚕の蛹を利用したものだった。

＊

六車由実の『驚きの介護民俗学』には、「蚕の鑑別嬢」の話が聞き書きされている。

静岡県沼津の介護施設にいる大正十年（一九二一）生まれの杉本タミは、片倉工業の沼津蚕種製造所に就職し、戦中戦後の十八年間にわたり、蚕の鑑別をしていた。この仕事は、各地に派遣され、村々に一週間ほど滞在して、蚕の雄と雌、中国種と日本種を分けるものだった。片倉工業では女性ばかりが派遣されたため、村の人からは「鑑別嬢」と呼ばれていたという。鑑別は蚕種の出荷後、一週間ぐらいのうちに村に入り、総勢約三十人、二人一組で効率的に作業した。家の外に張ったテントの下で、蚕を素手でつかみ、尻を見て鑑別した。

同世代の女性たちのなかには蚕が怖いという人もいるが、タミさんは初めから素手でつかんでも平気だったし、蚕の顔をのぞくと表情がそれぞれ違うのが面白かったという。ときには、可愛らしくて頬ずりをしたこともあったそうだ。

村の人たちは鑑別嬢をいつも歓迎してくれて、それぞれの家でご馳走をつくりもてなしてくれた。また都会からやってくる若い女性がめずらしかったのか、「鑑別嬢が来た」「鑑別嬢が来た」と言って村の若い衆が集まってくることも多かった。お世話になっている家の五右衛門風呂を借りて、見られないように傘を被って入っていたら、気がつくと大勢の若い衆に風呂のまわりを囲まれていて出るに出られなかったこともあったと、タミさんは顔を赤らめながら話してくれた。

高品質の生糸を生産するため、優れた蚕種を効率的につくりつづけるには、雄と雌、日本種と中国種を交尾の前に明確に分ける作業が必要だった。六車は、複雑な知識と技術を習得し、村々に派遣された鑑別嬢は、日本の養蚕業、製糸業の発展を地域で支えたと指摘する。

＊

蚕糸業は日本の輸出産業の花形として製品の大半を輸出し、外貨獲得に大きな役割を果たし、近代化と富国強兵に寄与した。今日の日本の経済発展は、明治後半から大正、昭和初期にかけての生糸を輸出して得た外貨によって、その礎が築かれたといえる。

高知市立第六小学校の三年生（あるいは四年生）が書いて、謄写版刷り文集「蕾」に収めた「養蚕の歌」という詩がある。

㈠　我が日の本の帝国の　国をば富ます第一は二寸の虫の
　吐き出づる　白き生糸と知られける
㈡　遠くは昔神代より　伝へ〳〵て三千年
　蚕の糸も集まれば　国の命をつなぐなり
㈢　生糸の光沢かゞやきて　光は及ぶよろづ国
　重なる産地数ふれば　長野に愛知群馬県
㈣　養蚕の業は古くより　御国を富ます業なるぞ

国を思はん者は皆　勉め励めよ養蚕を

殖産興業の中心、養蚕を称えたこの詩の作者吉田豊道は、のちに槇村浩《まきむらこう》のペンネームで、プロレタリア詩人として活躍した。槇村は反戦運動・労働運動に参加し、反戦詩『間島《かんど》パルチザンの歌』は代表作とされている。槇村の作品は朝鮮人民との連帯、植民地解放を訴え、国際連帯の視点に貫かれていたが、拷問と投獄により、二十六歳の若さで死去した。

羽二重と落下傘

化学繊維の登場により生糸の生産量は減少し、成長をつづけてきた養蚕業にも、転機が訪れた。昭和四年（一九二九）ニューヨーク株式市場の大暴落によって、アメリカでは多くの企業や銀行が倒産した。日本でも、翌年からその影響を受けて恐慌がはじまり、「昭和恐慌」と呼ばれた。生糸はそのほとんどを、婦人用の長靴下が大流行したアメリカに輸出していたため、景気の悪くなったアメリカでは売れなくなり、日本でも製糸工場や銀行が倒産し、養蚕によってうるおっていた長野県の農家では、一軒あたりの借金は当時千円以上にも達した。さらに昭和十五年（一九四〇）には、アメリカで生糸に代わってナイロンが使われるようになり、その後も、低価格で大量生産ができるさまざまな化学繊維が開発されていった。

＊

絹で織った羽二重は、砲弾の火薬を入れる袋やパラシュート（落下傘）にも使用される重要な軍事物資だった。

パラシュートは現在、ポリエステルなどの合成繊維だが、合成繊維が開発される以前はすべて絹でできていた。薄くて丈夫で軽量な羽二重を何層にも重ねてつくるパラシュートは、畳んでもかさばらず、重量や収納スペースの制限があったプロペラ機には最適の素材だった。第二次世界大戦前、日本からの絹織物の輸入が止まったことから、アメリカ政府は、絹の代用となるナイロンをデュポン社につくらせた。

軽目羽二重の主力産地だった福島県川俣町は、統制経済下での企業整理されたなかでも、パラシュート工場の建物や従業員、織機だけは残された。しかし昭和十八年（一九四三）以降、繊維関係の生産がすべて軍需生産に切り換えられ、企業再編成の末、転廃業した機業社は、東京芝浦電気（現・東芝）の専属協力工場となった。戦後は、パラシュート生産のため残された設備と工場、従業員がいたため、全国にさきがけて操業を再開し、羽二重の輸出で戦後復興に貢献した。

福島県喜多方には戦後の物資不足のなか落下傘生地の羽二重で、襦袢《じゅばん》を仕立てた女性がいた。昭和二十五年（一九五〇）の嫁入りの際に持ってきたもので、昭和二十三年か二十四年につくったものだという。襦袢は生地を裁って、染めと刺繍を施し仕立てたものである。また、落下傘の紐をほぐして繊維をとりだし、農家の人に織ってもらった布を縫いあげ、コートも仕立てたという。女性がつくった襦袢は、展覧会「落下傘でつくった着物」（福島県立博物館、二〇一三年）に展示された。

＊

神奈川県座間《ざま》市座間に、市の重要文化財（天然記念物、無形文化財）に指定された「桑　普通十文字種」が立つ。現在のものは原木から分かれた二代目で、元の木は百数十年のあいだ姿を保っていたが、近年になって枯死したという。

明治時代の高座郡座間村でも養蚕業は最も重要な産業で、市域東方の村々の「秣場《まぐさば》」（共有地）が各戸に平等に分割され、桑園がさかんにつくられた。明治四十年代には、それまで群馬県、長野県などから取り寄せていた蚕種を、自ら製造する農家もあった。座間丘陵の麓は湧水が豊かで、風通しもよかったため、桑栽培と養蚕に適した地形と気候だった。

養蚕は大正時代には座間の村々を潤したが、昭和初期の人造絹糸（レーヨン）の発明や世界恐慌、国内の不況などで生糸の価格が暴落すると、大きな打撃をうけた。そして、昭和十二年（一九三七）に陸軍士官学校が移転してきたとき、村に近い桑園も学校用地として買収されたため、養蚕業は衰退していった。

昭和十二年十二月二十日におこなわれた士官学校の卒業式に昭和天皇が行幸し、「相武台《そうぶだい》」の呼称を与えた敷地は第二次大戦後、アメリカ軍に接収された。進駐した兵士たちは、地元の農家に衣類の洗濯を依頼することがあった。かつては桑畑だった、豊富な湧水と風通しのよい丘陵下に、米兵の洗濯物が翻っていたころがあったという。

6　アメリカの影

かいこの村

昭和二十八年（一九五三）五月に発行された岩波写真文庫『かいこの村』は、熊谷元一《くまがいもといち》の写真により、戦後の養蚕農家と養蚕村の課題と実状を、浮かびあがらせる。写真家の名取洋之助が編集に辣腕をふるった岩波写真文庫は、テーマ別の写真集叢書で、昭和二十五年から三十三年まで二百八十六巻が出版された。B6判モノクロ六十四頁で定価は百円。『かいこの村』が発行された昭和二十八年、このシリーズは日本文学振興会が主催する第一回菊池寛賞を受賞した。ちなみに第一巻は『木綿』である。

熊谷元一は明治四十二年（一九〇九）、長野県下伊那郡会地《おうち》村（現在の阿智村）に生まれる。小学校教員の傍ら、童画を書いていたが、武井武雄のすすめで子供などの写真撮影を開始。単玉レンズ付きパーレットカメラを購入し、写真による村誌作成を決意し、写真集『会地村 一農村の写真記録』、『一年生 ある小学教師の記録』を発表した。また絵本『二ほんのかきのき』は百万部を超えるロングセラーとなった。昭和六十三年には阿智村に「ふるさと童画写真館」(現・熊谷元一写真童画館)が開館した。

『かいこの村』のおもな舞台である長野県飯田市西方の会地村は戸数七百十、人口三千五百の小さな山村で、一戸あたりの耕地面積は六反にすぎず、そのうち約四十六パーセントが桑畑を占める。養蚕農家は約二百戸で、昭和二十七年には村全体で七千二百二十五貫の繭がとれた。これは戦前の約四十から五十パーセントにあたる。

……この村の人々は今日桑さえあればもっと多くの蚕を飼いたいといっている。今日桑畑が少いという感じを与えているのは実は、戦争中に桑畑を主食を作るために廃したことをさしているのである。ところがその前のことを考えてみると、実は普通の田畑を桑園に転用していたのであるから、本来の姿に返ったのであるともいいうるであろう。平地の少いこの地方の僅かな水田すら桑園にされたのは、米を作るよりも繭を作った方が利益であったからである。農民は養蚕から得た金で、米を買って食べていたのである。

この小さなドキュメント写真集は、戦争と敗戦が日本の養蚕村に与えた苦難を強調する。「戦争の相手は唯一の得意先であるアメリカであったから、養蚕は手痛い打撃をうけた。戦争が終わったら、生糸の値が出ると漠然と考えていた農民の希望は打ちくだかれた」。戦前には二百万戸といわれた養蚕農家のうち、当時では、その約六十%が養蚕を中止、断念。繭の生産額も、戦前の約八十パーセント減になっていた。

長い戦争が終り、まがりなりにも少しずつ貿易ができるようになったけれども、生糸の市場は戦前のように復活しない。このことは前にふれたように化学繊維の発達が原因であること、論をまたない。レイヨンの出現によっておびやかされた生糸は、ナイロンによって根本的にたたかれたように見える。ナイロンの美しさと耐久力に、生糸は遠く及び難くなった。古くから重要な産業として伝わり、日本の農村の一本の支柱であった養蚕も、科学の産物の前にはひとたまりもないといっても過言ではあるまい。このことはたとえ養蚕がこれ以上合理的に行われ、技術も進歩したとしても、また製糸業において最近伝えられるように、能率の上る自動繰糸機が発明され、それが十分に使われて人件費が縮小し、コストを下げてみても到底競争にはならないだろう。

この本が出版された当時は、生産高の減少に比べて、国内需要がそれほど減ってはいないため、繭価は比較的高い。これも戦後の特殊な需要で、見とおしは暗いものの、化学繊維の肌ざわりを好まない人は多い。アメリカ人の実用本位な感覚では見向かれない生糸が、再び繊維界の「寵児」とならないともかぎらない。「しかし、それまで農村の人々が持ちこたえて待っていることができるかどうか疑問である」と『かいこの村』は語る。

蚕蛾の怪獣

昭和三十六年（一九六一）七月三十日に公開された特撮映画『モスラ』は、翼の開長百メートルあまりという、巨大な蛾の怪獣「モスラ」がはじめて登場した作品である。この映画で卵から孵化したモスラの幼虫は、繭をつくって蛹化し、さらに成虫へと羽化する。

モスラは東宝がゴジラ、ラドンにつづく「怪獣」として生みだしたものだった。日米合作で、製作費二億円（当時）、製作延日数二百日をかけた。プロデューサーの田中友幸が、文芸員だった椎野英之から中村真一郎を紹介され、中村と福永武彦、堀田善衛の三者に原作を依頼。公開に先駆け、『週刊朝日』に「発光妖精とモスラ」が掲載された。

インファント島の守護神であるモスラは、巫女としてモスラに仕える双子の「小美人」が、興行師のネルソンに連れ去られたのを追って、東京に襲来する。幼虫のまま百八十メートルにも成長し、東京の各地を破壊していく。

原作によると、インファント島に伝わるモスラの神話は次のようなものである。

夜を治める男神アジマと昼を治める女神アジゴは、それぞれ単独で創造の仕事をおこなっていたが、やがて一緒に寝て、二人から巨大な卵が生まれた。この卵は、「昼と夜との両方の特徴を持ち、太陽のように、また月のように光った。しかしこの卵モスラはいつまで経って孵《かえ》らなかった」。次に二人のあいだからは男女の人間が生まれ、人間は自身の力で数を増やしていった、その次に二人からは無数のごく小さな卵が生まれた。卵は幼虫になり、蛹になり、蛾になって飛びたった。男神は、女神が無数の卵を生んだことを失敗だと決めつけ、人間にも、その他の動物にも死を送り、その半ばを殺した。さらに自分の身体を四つに引き裂いた。

女神アジゴは嘆き悲しみ、永遠の卵モスラの前に自分の身体を犠牲《いけにえ》として捧げその前で身体を縦に四つに引き裂いて死んだ。しかしその四つの部分から、アジゴを小さくした、人間の背丈の半分ほどもない四人の若い女が生まれた。彼女たちは夜でも身体じゅうが光り輝いた。彼女たちはアイレナと呼ばれ、永遠の卵モスラに仕える巫女《みこ》として、永遠の生命を持っていた。彼女たちは、以前に生まれた無数の小さな卵が幼虫になって繭《まゆ》をつくる時の、その糸を取って織物を織った。その糸もまた、夜でも燐《りん》のような光を発した。

女神アジゴは死ぬ前に予言した。

「アイレナはモスラに仕え、モスラは必ず島を守る」……

この神話の叙述は、福永武彦が担当した。また映画ではモスラは東京タワーに繭をつくるが、原作では国会議事堂を繭でおおうという設定になっている。

モスラは八つの巨大な関節を次々とうごかして、そのきわめて柔軟な体を屈伸させ、おそろしい速度で京浜国道を都心にむかって突進した。銃弾も砲弾も貫通することがなかった。被害は予想されたよりも少なかった。彼は道路にそって前進し、霞ガ関付近へ来てはじめて積極的に建物に挑《いど》みかかった。頭部が、ちょうど国会議事堂に達したとき、彼は運動を停止した。彼の上空を一台の大型ジェット機が飛んで行った。

運動を停止して、彼は巨大な口腔のなかの絹糸腺と見えるものから絹糸状の糸を吐きはじめた。カイコからサナギへの完全三段階変化が開始された。おどろくべく多量の繊維状のものが吐き出され、糸は国会の塔と両翼にまでかかった。モスラのサナギが、ついにマユをつくってしまったのだ。

なんとも奇妙な光景であった。繊維の一本一本が日を浴びてキラキラ光る、長円型のマユが日本の中心にすわり込んでしまったのである。微動だにしない。音もたてず、こうなってから物もこわしもしない。シーンとしている。静止している限りでは無害である。夜にはいってからは、蒼白い、いぶし銀の色ともいうべき微光を放ちはじめた。

この部分は堀田善衛の執筆による。映画でもモスラが国会議事堂に繭を作り、その周りをデモ隊が囲むというバージョンが考えられたが、六〇年安保の翌年という時代状況もあり不採用になったという。

美智子皇后の養蚕

養蚕所の火災や御所の移転、戦災などによる一時的な中断はあったものの、皇室における養蚕は、紅葉山御養蚕所でつづけられている。美智子皇后は、国内の養蚕業が衰退したいまも養蚕をおこない、改良された品種の蚕とともに、「小石丸」を飼育している。

明治三十八年（一九〇五）、皇太子妃節子は、東京蚕業講習所（現・東京農工大学）に行啓し、養蚕や製糸を視察した。その際に、当時最も優秀な品種とされていた小石丸の献上を受けた。この品種は江戸時代から明治時代にかけて養蚕の主流だったが、糸が細く収量が少ないため改良品種に代わってしまい、現在飼育しているのは、皇室と特別な注文に応じて飼育する一部の養蚕家だけとなっていた。ひとつの繭から取れる糸の長さが、四百から五百メートルと短く、糸の太さも、ふつうの繭糸にくらべて細い。昭和の終わりころ、皇室でわずかに残っていたものも、廃棄が不可避とされていた。しかし美智子皇后が、新たに養蚕をはじめるとき、しばらくこの品種を留保したいと、少量ながら飼育がつづけられてきた。

こうしたなか、平成二年（一九九〇）にこの小石丸が、古代織物の復元に、不可欠の役割をになうこととなった。この繭からとれる繊細な絹糸が、正倉院宝物である八世紀の「古代裂」の復元に欠かせないものであることが明らかになり、一連の復元事業につながった。さらに鎌倉時代の絵巻（一三〇九年頃）の名品の修理にも用いられることになった。小石丸の増産に踏みきった美智子皇后は、以後毎年、正倉院に必要な小石丸の繭二十から五十キロを、十六年間にわたり贈りつづけ、平成二十二年（二〇一〇）、復元事業は完了した。

宮内庁では、平成十七年に三の丸尚蔵館で、皇后の古稀を記念して「皇后陛下のご養蚕と正倉院裂の復元」展を開催。喜寿を迎えた平成二十四年には「紅葉山御養蚕所と正倉院裂復元のその後」展を開催した。また、平成二十六年には、パリでも展覧会「蚕――皇室のご養蚕と古代裂、日仏絹の交流」が開催された。

養蚕の現在

戦後の復興期を経て、昭和三十年から四十年に、養蚕は再びピークを迎えた。

戦後の欧米における絹需要の減退傾向とは逆に、昭和四十年代に入って、国内では和服の需要が急激に増大。昭和四十七年（一九七二）には、絹の内需が生糸量概算で五十四万俵分に達した。その後も国内生産量を上回る四十万俵以上の需要がつづいたため、昭和四十年代に入ってから中国、韓国などから生糸、絹織物の輸入が増大した。昭和四十七年から五十四年には、輸入量がしばしば二十万俵分を超えるなど、日本は世界最大の生糸輸入、消費国となり、以降国内産の生糸、絹製品とのあいだに激しい競合関係を生むこととなった。

しかし、和服の売行きは昭和五十六年（一九八一）以降、減退の一途をたどり、消費量は急激に減少した。その結果、国内の生糸在庫は増大をつづけ、昭和五十八年には適正在庫量を大幅に上回る十八万俵近くに達して、蚕糸業は深刻な不況にみまわれた。昭和五十年代後半からは、洋装部門での絹需要を拡大するため、用途別蚕品種の育成をはじめた。また洋装衣料向けの新形質生糸、絹糸の開発、化学加工による絹の改質技術の開発も進められた。こうして日本の蚕糸業は、生糸輸出産業から和服内需蚕業へと転換し、さらに洋装分野への進出と大きく変貌していった。かつては世界一の生産量を誇った日本の繭生産量は、現在では最盛期の一パーセント以下になっている。

二　豊繭への願い

1　姫からの伝言

常陸の浜の金色姫

蚕が無事に育ち、繭が豊作であることを願って、この列島の人びとは、さまざまな神仏や人物を信仰してきた。

養蚕や機織といった技術が、海を渡って日本列島に渡来してきたことは、その仕事にたずさわる人びとに、根強く意識されてきた。このため養蚕を伝えたという異国の姫君が、守り神として流通し、隆盛してきた。

茨城県の霊峰筑波山の南麓、筑波山神社の表参道だった「つくば道」を、神郡《かんごおり》の集落から東へ折れる。金色姫伝説にも出てくる「豊浦《とゆら》」の地名を冠した介護施設を過ぎると、左手に茶屋があり、「蚕影《こかげ》神社」の石段に辿りつく。貞享年間（一六八四〜一六八八年）造立の本殿には、中央に稚産霊命《わかむすび》、左に筑波山の神である埴山姫命《はにやまひめ》、右に富士山の神である木花開耶姫命《このはなさくやひめ》を祀り、合わせて「蚕影山大権現」という。

明治の神仏分離までこの神社の別当（神社を管理する寺院）を務めていた「蚕影山桑林寺」は、一章で紹介した金色姫伝説に基づく「蚕影（山）信仰」の本山だった。養蚕と蚕神の起源を説く蚕影信仰は、中世末期から昭和中期まで、養蚕業とともに栄え、関東各地から甲信にまでおよんだ。信仰が広まるにあたっては、茨城県結城一帯のタネヤ（蚕種業者）が力を尽くしたという。拝殿脇の絵馬堂には、金色姫伝説の唐櫃《からびつ》を開けて驚く権太夫夫婦を描いた絵馬をはじめ、信者からの奉納額が掲げられている。

三月二十八日の「蚕糸祭《さんし》」は養蚕業の発展と加護を祈願する神事で、筑波山神社宮司による祝詞《のりと》奏上、玉串奉奠《たまぐしほうてん》などがおこなわれる。筆者が参列したとき（平成二十六年）には、地元で絹の価値を見なおす活動に取りくむ市民サークルの女性たちも一緒だった。また、栃木県の旧桑絹町（現在の小山市）からひとりで参加していた六十代ぐらいの男性は、実家が養蚕農家を営んでいたという。養蚕業は父親の代までだが、町内で最も遅く、いまから三十数年前までつづけていた。かつて町の人びとは、蚕影神社によく参拝したものだという。男性は絵馬堂の奉納額のなかに、「桑絹」の名を見つけて感激していた。

蚕影山の豊蚕信仰は、結城から小山、桐生と北東に広がり、長野や福島にも分社がある。また神奈川県北部、東京都の多摩地方、山梨県甲府盆地東部の峡東地方でも隆盛した。

神奈川県では厚木市中荻野の「蚕影神社」、海老名市国分北の弥生神社の「蚕影神社」、座間市座間の座間神社の「蚕神社」、相模原市緑区大島の諏訪神社の「蚕影社」、同市同区城山町原宿の「蚕影社」、同市中央区田名の「蚕影山神社」など、枚挙に暇《いとま》がない。またこの多摩西部から山梨県にかけては「蠶影山」や「蚕影山」と刻んだ文字碑も非常に多い。

東京都立川市砂川の「阿豆佐味天《あずさみてん》神社」の境内社にも「蚕影神社」が分祀されている。ここにも安政七年（一八六〇）に蚕影山桑林寺が出した分社証が残り、当時から立川北部で養蚕がさかんだったことがうかがわれる。いまこの蚕影神社は、「猫返し神社」として新しい信仰を生み出している。かつての養蚕神としてではなく、家からいなくなった「迷い猫」が帰ってくることを祈願し、多くの人びとが絵馬を奉納していくのである。

＊

和銅六年（七一三）に編纂され、養老五年（七二一）に成立した『常陸国風土記』はその総記で、養蚕について記している。

そもそも常陸の国は、範囲がとても広大であって、地域もまた遥か遠くまであり、田の土も肥え、原野も養分ゆたかである。開墾された所は、山の幸《さち》海の幸恵まれて、人々

上：蚕影神社（茨城県つくば市）
下：蚕影神社絵馬殿の「金色姫伝説」の絵馬

はそれぞれ満足し、家々はみなゆったりと暮らしている。もし、耕作する仕事に精を出し、養蚕や製糸の仕事に力を尽くすならば、すぐさまに富み栄えることになるだろうし、いつのまにか貧しさを免れるであろう。ましてやさらに、塩と魚の味が欲しければ、左は山で右は海である。桑の木を植え麻の種を蒔くには、後ろは野で前は原である。世にいう山海くまなき宝庫、物産ゆたかな美田である。遠いむかしの人が常世《とこよ》の国と言ったのは、思うにこの国のことであろうか。

「力を紡蚕《いとつむ》ぐわざに竭《つく》すことあらば、立即《たちどころ》に富豊《とみ》を取るべく」「桑を植え麻を種《ま》かむには、後《しりえ》は野にして前は原なり」。「常世の国」かと疑うほどの国だった古代常陸国の産業として、養蚕はこのように特筆されていた。

つくば市の蚕影神社をはじめ、「常陸国の三蚕神社」と呼ばれる神社がある。あとの二つは、太平洋岸北部の「蚕養《こかい》神社」と県東南端の「蚕霊《これい》神社」で、いずれにも養蚕の伝来にかんする言いつたえがある。

蚕養神社は茨城県日立市川尻町の太平洋に面した絶壁上にある。祭神は稚産霊命、宇気母智《うけもち》命、事代主命《ことしろぬし》の三柱。JR常磐線十王駅から南東に約三キロに鎮座し、神社の近くには「豊浦」の地名を冠した小学校、中学校がある。孝霊天皇の五年二月初午の日に、稚産霊命が蚕養浜の東に神影を現わした。里の人びとは浜を見おろす山に祠を建てて神を祀り、「蚕養明神」「蚕養嶺地主神」として信仰した。さらに景行天皇の四十年には、日本武尊が東征の途中に豊浦湊に上陸。この社に祈ったところ、神威が照り輝き、戦わずに東夷を服従させることができた。

境内の下に延びる太平洋に面した「小貝ヶ浜」には、赤い色をした小さな巻貝が流れつくという。蚕養神社に参拝したあとこの巻貝を拾い、家の神棚に上げておくと「蚕が当たる」という信仰が近年まであった。

馬琴と蚕神

「蚕霊神社」は常陸利根川の左岸、鹿島灘に近い茨城県神栖《かみす》市日川《につかわ》に鎮座する。神社の由緒は、「孝霊天皇五年三月、豊浦浜の漁夫権太夫は、沖に漂う丸木舟を引き上げたところ、世にも稀な美少女が乗っていた。少女は天竺の金色姫で……」というふうに、蚕影神社の金色姫伝説と同様のものである。

蚕霊神社の東にある「星福寺」は、正式には「蚕霊山千手院《さんれいさんせんじゅいん》星福寺」といい、本尊の大日如

上：蚕養神社（茨城県日立市）
下：小貝ヶ浜

来とともに、「蚕霊尊《こだま》」を祀る。

文政十年（一八二七）、江戸の版元鶴屋喜右衛門は、曲亭陳人に画賛を書かせた錦絵「蚕養守護神衣襲明神《きぬがさみようじん》真影」を、版画にして売りだした。「掛向《かけまく》ハ畏《かしこ》くもこゝに図《づ》しまつるハ桑蚕《かひこ》の祖神《みおやのかみ》にして／常陸国《ひたちくに》鹿嶋《かしま》郡《こほり》日向川村《ひなたかわむら》蚕霊山千手院星福寺に／立《たた》せ給ふ衣襲明神《きぬかさみようじん》即是也《すなわちこれなり》されバこの御神を祭れるもの／蚕養《こかひ》を業《わざ》とする家にハ桑よく／栄《さかえ》てその若芽《わかめ》の春の寒《さむさ》に傷《いたむ》ことなく／蚕屋《かひや》の中に鼠つかず蚕卵《たね》ハ遺《おち》なく化育して／如意万倍《によいまんばい》の利得あり」。

曲亭陳人は『南総里見八犬伝』で知られる曲亭（滝沢）馬琴の別号で、馬琴が喜右衛門の依頼に応えるため、星福寺を訪れたことは日記にも記されている。錦絵の女性像は、右手に蚕種《たね》紙、左手に葉のついた桑の枝をもち、頭の上には反物を載せ、腹には蚕とかかわりが深い馬が描かれる。

「初絵 絹笠明神」
群馬県立歴史博物館蔵

この錦絵版画はたいへん評判がよく、同じような絵柄の錦絵が数多く出まわった。

正月の縁起物「初絵」には、七福神や宝船といっためでたい絵柄が用いられるが、衣襲明神も人気を集め、正月棚や神棚の下に貼られたという。群馬県の富岡あたりでは昭和の十年ごろまで、子どもや青年が小遣い稼ぎに初絵を売り歩いたという。さらには富山の薬売りが配って歩き、広い範囲にまで浸透していった。また、同様の絵柄が掛軸や護符などにも用いられ、北関東を中心に「絹笠明神」として信仰された。絹笠神社が建立され、女神石像が数多く造立された。

「神衣襲明神真影」のもとになった「蚕霊尊」の女神立像を、星福寺ではそれを「馬鳴《めみょう》菩薩」とも称している。像高約三十センチの木像で、岩座の上に立ち、右手には生糸とみられる糸の束、左手には赤い箱を持つ。箱の中身は蚕種か繭だと想像される。

なお茨城県の沿岸には、謎の船に乗り女性がたどり着いたという「うつぼ舟」伝承が残されている。柳田国男の「うつぼ舟の話」によると、享和三年(一八〇三)二月二十二日の真昼ごろ、常陸の「原やどり」という浜に、うつぼ舟が引きあげられた。「その形たとえば香合のごとくに円く、長さは三間あまり、底には鉄の板金を段々に筋のごとく貼り、隙間は松脂を以て塗り詰め、上は硝子障子にして内部が透き徹って隠れなく、覗いて見ると一人の生きた婦人がおり、人の顔を見てにこにこしていた」。なお岐阜大学の田中嘉津夫は、平成二十二年(二〇一〇)に水戸市内で見つかった「うつろ舟奇談」の史料の中の女性の衣服が、星福寺の「蚕霊尊」の衣服と酷似していることを発見したという。

古くから養蚕業がさかんだった茨城県には、養蚕・機織にまつわる神社がほかにも多い。結城市小森の「大桑神社」は、東国に養蚕を伝来した阿波斎部（忌部）氏による創祀を伝え、「小森《こもり》」の地名は「蚕守《こもり》」の変化ともいわれる。常陸国二宮の格式を誇る那珂市静の「静神社」は祭神に建《たけ》葉槌《はづち》命を祀る。この神は名を「倭文神《しどりのかみ》」ともいい織物の神だとされる。茨城県日立市大みか町の「大甕《おおみか》神社」も建葉槌命を祀り、「大甕倭文《しず》神社」とも呼ばれる。また県内を流れる河川では、「鬼怒《きぬ》川」は「絹川」「衣川」、「小貝《こかい》川」は「蚕飼川」とも記され、また筑西市犬塚を水源にする「糸繰《いとくり》川」という河川もある。

白滝姫の生人形

京都の西陣織と並び称される桐生織の発祥については、「白滝姫」にまつわる伝説が残されている。

桓武天皇の時代、上野《こうずけ》国山田郡から一人の男が、京都に宮仕えに出された。宮中の白滝姫に恋した男は、天皇の前で和歌を披露して、白滝姫を故郷の桐生に連れかえることを認めてもらった。白滝姫は桐生で、京の絹織物の技術を人びとに伝えた。白滝姫は桐生の山々を見て「京で見ていたのと似た山だ」といった。そこからここを「仁田山《にたやま》」と呼ぶようになり、特産の絹織物「仁田山織（紬）」の名の由来ともなった。姫が亡くなると、天から降った岩の近くに埋めて、機織の神として祀った。岩から機を織る音が聞こえていたが、あるものが雪駄で岩に登って以来、鳴りやんでしまったという。

桐生市の北西、川内町には「白滝神社」があり、機神である天八千々姫命《あめのやちちひめ》とともに白滝姫命が祀られている。古くは「仁田山山機神社」と呼ばれ、境内には機音が聞こえたという巨石「降臨石」がある。

群馬県桐生市織姫町、桐生市市民文化会館の敷地の隅に「織姫神社」がある。この神社は明治二十八年（一八九五）に日本織物株式会社（後の富士紡績株式会社）が、川内町の白滝神社の祭神二柱を勧請したものである。

日本織物株式会社は、明治二十年十一月に設立を認可された撚糸・染織・製織・整理仕上げの全工程をこなす機械製織物工場であった。清国製で安価な「南京繻子」に対抗する、絹綿交織の広幅繻子の生産が設立の目的だった。明治二十五年にこの会社の設立者のひとりである佐羽喜六が、白滝神社の「機神白滝姫御真影」を借りて商標にし、「織姫繻子」として販売した。この商品が好評であったため、明治二十八年十一月に、そのお礼と会社のさらなる繁栄を願って織姫神社を建立した。

二 豊繭への願い

1 姫からの伝言

「生人形白瀧姫と佐羽喜六」（写真＝個人）

佐羽喜六はまた、白滝姫の姿をした神像を生人形《いきにんぎょう》師に依頼していた。平成十二年(二〇〇〇)に調査補修のために開帳したところ、幕末から明治期に活躍した生人形師、初代安本亀八《かめはち》の作品であることがわかった。等身大で端整な顔立ち、制作当初は右手に扇をもっていたが、現在は糸巻きを手にする。

安本亀八は、江戸末期から明治にかけて活躍した人形師で、同じ熊本出身の松本喜三郎と技を競い合った。精密で、まるで血が通い、生きているかのような迫真性のある人形は、多くの観客を呼び集め評判になった。現在熊本現代美術館が保管している「相撲生人形像」は明治二十三年浅草寺境内に置かれ参拝客の大人気を得ることになった。白滝姫像は平成十二年と二十一年に開帳され、最近では、桐生市本町の矢野新館で平成二十六年の九月二十六日から十二月十四日まで「白瀧姫、再演」という催しのなかで公開された。

小手姫伝説

東北の磐城地方には古代に大和から落ち延びて養蚕を伝えたという「小手姫《おてひめ》伝説」がある。

小手姫にちなむ史跡等が残り、平成四年（一九九二）に川俣町が同町中央公園に小手姫像を建立した。

大伴糠手《ぬかで》の娘の小手子《こてこ》は、崇峻天皇の妃となり、蜂子皇子と錦代皇女をもうけた。当時の権力者である蘇我馬子は、自らが擁立した崇峻天皇を暗殺し、小手子を大和から追いだした。小手子は父と皇女を伴い、奥州に流された蜂子皇子を探して、大和に似た川俣にたどりつき、ここに留まった。そして桑を植え、蚕を養う技術を人びとに伝えた。しかし皇女を亡くし、皇子にも会えないことを嘆いた小手子は、大清水の池に身を投げた。村人は里を見渡せる山の高台に埋葬し、池のほとりに祠をたて、小手子を祀った。埋葬されたのは「女神山」で、祠は明治時代に機織神社と名を改め、現在地に移された。蜂子皇子は厩戸皇子によって京を逃れ、出羽三山の開祖となった。川俣町の地名は小手子の故郷、大和国高市郡川俣の里にちなむという説がある。

川俣町大字東福沢の「薬師堂」には高さ十四センチの木造「小手姫神像」がある。高い髷を結い、唐衣をつけ、左膝を立てて、膝上の手は上に向けている。彩色は剥落しているものの、当初は極彩色であったと考えられる。左膝を立てる姿は、糸枠から糸車に移す姿勢であるという。薬師堂には「養蚕神像」も祀られている。木造で高さ二十二・五センチの彩色像で、欠けた両手先には、桑枝と糸枠（または蚕種紙）を持っていたのではないかと想像される。

2　豊蚕信仰の本尊

馬鳴菩薩の流行

蚕の成長を願い、よい繭ができるように祈る信仰では、さまざまな神仏が対象になった。そのなかには、すでにほかのご利益で信仰されてきた神仏もあったが、「豊蚕信仰」だけを対象とするものもあった。

仏教由来の蚕神では、天竺の高僧であった「馬鳴菩薩」は豊蚕信仰独自の本尊である。馬鳴菩薩は大日如来の化身で、蚕に姿を変えて、貧しい人びとに衣服を施すという伝承から、信仰が広まった。その姿は、一面六臂（顔面一つ、腕が六本）で、秤、糸枠、糸、織物、種紙などを持ち、白馬の上に乗る。なかには二臂像や立像もある。ほんらいは男性であったはずだが、近世末期に数多く造られた木造の馬鳴像は、養蚕が女性の生業であったことから、女性的な表

雲門寺「馬鳴菩薩騎馬像」（群馬県安中市）

情をしているものもある。

ＪＲ信越本線西松井田駅から北約五キロ、群馬県安中市松井田町上増田にある「雲門寺」の「馬鳴菩薩騎馬像」も、一面六臂で白馬に跨り、桑や繭、養蚕道具を手にする姿である。毎年四月十六日の「例大祭」には、天明七年（一七八七）の作と伝わる「十六善神」とともに祀られ、七種類の「オダンス（繭団子）」をつくって供えてきたという。かつては近郷近在からの参列客でにぎわったが、養蚕業の衰退とともに、祭りは小さなものになった。それでも付近にはまだ桑畑を見ることができる。

女性の姿をした神仏

弁財天はふつう芸能や技芸の上達で信仰を集めたが、その女性的な容貌と、鼠を襲う蛇にゆかりがあることから、各地の養蚕地帯で祀られた。弁財天像には二臂のものもあるが、養蚕信仰の本尊とされたのは、八本の腕に弓や鉾、宝珠と鍵などをもち、頭の上に、老人の顔で蛇の体をした「宇賀神」をいただく姿の「宇賀弁財天」であることが多い。

東京都八王子市打越町の「打越弁財天」は、京王北野駅の南方にある。かつて絹織物の集積地で養蚕もさかんだった鑓水《やりみず》にも近く、関東近県からも信仰を集めてきた。このあたりでは繭を荒らす鼠を退治してくれると、「白蛇」を神体とした弁財天信仰がさかんになり、白蛇を描いた絵馬が蚕室にかけられた。江戸時代の中頃からここでは、八十八夜の日に大祭がおこなわれ、十二年に一度の「巳年」には、秘仏の本尊像が開帳された。養蚕がさかんだったころは盛大で、各地から数千人の信者が訪れたともいう。いまでも毎年五月の初めには、弁財天祭がおこなわれる。戦前から祭礼には芝居や出店などが出され賑いをみせたという。

ＪＲ相模線番田駅の西約二キロ、神奈川県相模原市中央区田名の相模川の河岸には「望地《もうち》弁財天」がある。本尊の「弁財天坐像」は、江島神社安置の像が明治の神仏分離の際、藤沢の常光寺、綾瀬の済運寺に移され、さらに田名の南光寺住職森恵力が、養蚕鎮守としてこの地に迎えたものであるという。寄木造り、像高約四十五センチで、江戸時代に造られたものであるらしい。弁財天を祀っていた「望島殿」は相模川の中州にあったが、明治四十年（一九〇七）の洪水により社殿を流失。弁財天像は運びだされて、難をまぬかれた。その後は南光寺に保管され、昭和二十九年（一九五四）に社殿を再建し、遷座したものという。

＊

月齢のある夜を忌み籠りの日とし、村や町のある家に人びとが集まって月の出を待ち、一夜をすごす「月待講」という習俗があった。なかでも二十三夜の月を拝む「二十三夜講」は、最も普及したものだった。十五夜から八日を過ぎたこの夜の月は下弦の半月で、日付が変わる真夜中ごろ、東の空から昇る。二十三夜の月は勢至菩薩の化身と考えられ、講の本尊として祀られた。この講は、旧暦の正月・五月・九月にさかんにおこなわれた。

勢至菩薩は、阿弥陀三尊像では向かって左側で合掌し、知恵をつかさどる。金色姫伝説では霖夷《りんえ》大王が、姫を桑の刳《く》り船に乗せて流すとき、宝珠とともに、一寸八分の勢至菩薩をお守りとして授けたとされる。

神奈川県の旧津久井郡（現在の相模原市城山町・同市緑区津久井町・同相模湖町・同藤野町）は二十三夜講がさかんで、「廿三夜塔」や勢至菩薩の石像が数多く建てられた。

この地方のご詠歌に、養蚕業の繁栄を願うものがある。「帰命頂礼　天竺の、二十三夜の月さまを／お待ちなされる、その人は／蚕もあたるし作物も、三夫婦揃って、倉七つ／一のお倉が金の倉／二ばんのお倉が、繭の倉／三ばんのお倉が、糸の倉／四ばんのお倉が、絹の倉／五ばんのお倉が、かとく倉。六ばんのお倉が、穀《こく》の倉。七ばんのお倉が、質の倉／お年はおいくつ、百七つ／孫、ひこ、やしゃごで五十人。千秋萬歳、高砂や／お家は、繁盛で、おめでたい」。

こういったご詠歌が、勢至菩薩の掛軸の前でうたわれていたのである。

＊

上:廿三夜塔(神奈川県相模原市緑区)
下:虫歌山桑台院(長野県長野市)

阿弥陀三尊のもういっぽうの脇侍である観音菩薩は、さまざまな姿に変化して、衆生を救うとされた。勢至菩薩ほどではないものの、観音を豊蚕祈願に祀った寺院もある。

長野市の南部、江戸時代には松代藩の城下町として栄えた松代町の豊栄宮崎にある信濃三十三観音第七番札所「桑台院」は、千手観音が本尊で、山号の「虫歌山」から「むしうた観音」と呼ばれる。縁起によると、むかし松代の町はずれ平林村で、養蚕を仕事にしていた若者がいた。ある日のこと、別所や布引の観音様へお参りをしたあと地蔵峠にさしかかったところ、悲鳴にも似たうめき声が聞こえてきた。それは庭先に干してある、繭のなかの蛹の苦しみの声だった。若者は、自分たちの生計を潤してくれる蚕の蛹の霊を慰めなければと、近くの山腹に観音様を安置した。こうして建立された「むしうた観音」には、養蚕家がこぞってお参りに訪れ、養蚕守護の観音として栄えたのだという。

岐阜市の市民会館や地方裁判所の近くにある「美江寺《みえじ》」は、天平時代に造られた乾漆の美しい十一面観音立像を本尊として祀る古刹として知られる。毎年三月のはじめに、この寺でおこなわれてきた「美江寺まつり」は、別名を「蚕祭り」といい、近県からも養蚕農家が集まる盛大なお祭りだった。参拝者が露店で買い求める土鈴は、「蚕座にかけて鳴らすと、蚕が鈴なりに繭を作る」といわれ、この祭りの日に参詣する目的だった。またこの日に並ぶ露店の九割までが、桑の苗木を売る店だった時代もあったという。しかし近年では祭自体がおこなわれなくなった。いっぽう本尊十一面観音がかつて祀られていたともいわれる同県瑞穂市の「美江寺観音」では、毎年三月の第一日曜日の「蚕まつり」が、いまでもつづけられている。

美濃加茂市の飛騨川に浮かぶ中の島には、馬頭観音が祀られた観音堂が建つ。この「小山観音」は、養蚕の守護仏として古くから崇敬を集めている。毎年、三月（旧暦二月）の第一日曜日におこなわれる初午の例祭では、小山の岸辺に植木の市のほか多くの屋台が並び、たくさんの人出で賑わう。馬頭観音が養蚕の守護仏となることは少ないが、蚕と馬の深い結びつきについて、次章で述べることにする。

虚空蔵菩薩と針供養

知恵と福徳の仏として、奈良時代から信仰されてきた「虚空蔵菩薩」もまた豊蚕信仰の対象となった。

山形県の白鷹町、山辺町と南陽市の境にそびえる白鷹山の山頂には、「福満大虚空蔵尊」が祀られ、養蚕の神として信仰されてきた。奈良時代に行基がこの地を訪れたとき白い鷹が飛来し、虚空蔵菩薩が顕現した。そこで山頂に虚空蔵菩薩を祀り、この山を「白鷹山」と命名したと伝えられる。

米沢藩主上杉治憲は白鷹山を信仰し、五十二歳で改名した鷹山という号も白鷹山にあやかったものだといわれる。治憲は藩の財政を建てなおすため、養蚕・製糸・織物・製塩・製陶などの産業の開発に取り組み、漆・こうぞ・桑などを栽培させた。養蚕についてはとくに、養蚕手引の作成や、藩の養蚕家による指導などによって、領民の関心を高めて、絹織物の生産性を向上させた。技術はその後も引きつがれ、いまでも「米沢織」は高級品だとされている。こうした藩主を人びとは、「治憲大権現」として祀り、また「大和大聖人上杉鷹山公」と唱えて敬った。ただし、米沢領内の名所などを紹介する十八世紀前半の事跡考や、十九世紀はじめの地名選には蚕神信仰について触れていないため、蚕神信仰が芽生えたのはこれ以降だという説もある。

＊

東京の観光名所「浅草寺」境内の「淡島堂」では二月八日に「針供養」がおこなわれる。この日は、針への感謝と裁縫の上達を祈願して、豆腐やこんにゃくに古針や折れた針を刺して供養する。浅草寺の淡島堂の祭神は「少彦名命《すくなびこな》」で、虚空蔵菩薩を本地仏としている。

京都嵐山、渡月橋の南の高台にある「法輪寺」は、「嵯峨の虚空蔵さん」「十三まいり」の寺として知られる。この寺は、秦の始皇帝の子孫である融通王の一族が、産業、芸術の繁栄、安全守護の祖神として信仰していた「虚空蔵尊」の因縁を求めて渡来したことにはじまるという。法輪寺の針供養は、清和天皇が針供養堂を建立し、皇室で使用された針の供養を天皇の命によって始めたのが起源とされている。現在でも毎年十二月の針供養の際には皇室から預かった針の供養がつづけられているという（針供養は二月八日にもおこなわれる）。

養蚕の神としての虚空蔵信仰については、蚕の糞を「蚕糞《こくそ》」といい、虚空蔵と語呂合わせができる理由もあるという。また近代の群馬県や福島県中通りではほんらいは海の神である淡島明神そのものが、養蚕神として信仰された例がある。

家の神から国の神へ

群馬県安中市や松井田町では、県境を越えて長野県佐久市の「鼻顔稲荷《はなづらいなり》神社」へ豊蚕祈願の参拝にでかけていく養蚕農家もある。稲荷社に祀られる宇迦之御魂《うかのみたま》命（倉稲魂神）は、稲穂と結びつく穀霊をつかさどる神で、村の鎮守や、家の敷地内に「屋敷神」としても祀られた。五穀豊穣の神が養蚕の隆盛にともない、豊蚕祈願の祭神ともなったようである。この神社の祭神は、永禄年間（一五五八～一五七〇年）に京都の伏見稲荷神社から分霊された。湯川の断崖に、朱塗りの柱で支えられた懸崖造りの社殿が建つ。二月十一日の「初午祭」には、境内にだるまをはじめ縁起物を売る店が並ぶ。

安中市簗瀬の「城山稲荷宮」も、農耕・養蚕・福徳の神として信仰を集めた。神社の「稲荷講」がおこなう養蚕倍増の祈願が信者を集め、四月の十五日と二十五日の例大祭のときには、養蚕具や桑苗を売る露店で賑わった。

宇迦之御魂命のほかに、神道の神で豊蚕祈願に信仰されたのは、稚産霊神・保食《うけもち》神・大気津《おおげつ》比売《ひめ》神など、『古事記』と『日本書紀』で蚕を生んだとされる神である。また天照大神・稚日女《わかひるめ》尊・天棚機姫《あめのたなばたひめ》神・木花開耶姫など、織物、機織とゆかりが深い神が、あわせて祀られることも多い。

このうち木花開耶姫は、金色姫伝説の一説（「蚕の草子」）により、蚕と結びついた。欽明天皇の娘のかぐや姫（各谷姫）は筑波山に祀られていた。姫は「私は天竺の大王の娘だったが欽明天皇の娘となり、この国に蚕飼いを伝えた」と神託し、富士山に向かった。筑波の神と富士の神とは一体で、本地は勢至菩薩である、というものである。こうして富士山の浅間《せんげん》権現の垂迹（仮に日本の神の姿をとって現れること）である木花開耶姫も、蚕神ともみなされたのであった。なお明治の神仏分離以降、それまでは単に「蚕神」として祀られていた祭神を、神話の「保食神」とした例は少なくない。

キリスト教と蚕糸業

キリストそのものを蚕神とみなしたわけではないが、キリスト教は蚕糸業がさかんな地域に信仰が広まった。

京都綾部の「郡是」では、創業者の波多野鶴吉がキリスト教を企業倫理として、近代経営に組みこんでいった。また富岡製糸場のある群馬県では、明治時代にキリスト教の布教が進んだ。その理由の一つは、蚕糸の外国への輸出により、西洋文化、西洋思想とふれる機会が一挙に高まり、キリスト教を導きいれやすくするとともに、布教活動にたいしても抵抗が少なかったとみられる。また地元安中藩出身の新島襄の影響も大きかった。

新島の教えにより安中教会が創設され、その教派である「組合教会」が群馬県西部を中心に作られた。組合教会は明治時代における群馬県下の教会の多勢を占めることとなった。明治時代の群馬県南西部では、安中の原市教会の活動地域である碓氷《うすい》安中地域には「碓氷社」があり、また甘楽《かんら》教会の活動地域である甘楽富岡地域には「甘楽社」「下仁田社」という、南三社といわれる組合製糸が栄えた地域であった。

群馬県安中市の市街地にある「安中教会」は、明治十一年（一八七八）三月三十一日新島襄より湯浅治郎をはじめ、製糸工女を含む地元の求道者三十名（男子十六名、女子十四名）が洗礼を受け、創立された。この女子のうちの一人が内村鑑三の最初の妻、浅田タケであった。大正八年（一九一九）に「新島襄召天三十周年」を記念して「新島襄記念会堂」が竣工した。大谷石で造られたこの教会堂は、「後楽園スタジアム」などで知られる古橋柳太郎の設計で、近代宗教建築としての評価も高い。

＊

日本基督教団「島村教会」は利根川流域の群馬県伊勢崎市境島村にある。

島村地区は蚕種の一大生産地で、明治時代の初期にはヨーロッパにも輸出していた。明治五年（一八七二）、蚕業にかんする会社としては日本で最初の「島村勧業会社」が設立され、良質な蚕種を海外に輸出し高い評価を得た。明治十二年に島村の田島善平は、島村勧業会社から田島弥平とともにイタリアのミラノに派遣され、蚕種の直輸出を始めた。直輸出は四度試みられたものの、成果を挙げることはできなかったが、外国との直接交流は、島村にキリスト教や自由民権思想を広めることとなった。田島は明治十九年に、アメリカからメソジスト教のマックレーを自宅に招いて最初の伝道集会を開き、自ら洗礼を受け信者となった。翌年には自宅の小屋を改造して教会を造り、明治三十年には現在地に教会堂を建設。「日本メソジスト島村教会」

となり、その後「日本基督教団島村教会」と改称された。建物は木造一部二階建てで、洋風の意匠で半切妻の屋根とハーフティンバー風の玄関が特徴となっている。

島村教会の近くにある「田島弥平旧宅」は、世界遺産「富岡製糸場と絹産業遺産群」の構成資産である。母屋の屋根には「総ヤグラ」と呼ばれる風通し窓が設けられている。この形式の建物は、田島弥平が確立した蚕の「清涼育」「養蚕法」を実践したもので、当時の養蚕民家建築の模範として、全国に普及した。

*

正教会は明治八年（一八七五）から前橋への伝道をはじめた。そして三年後にはマトフエイ丹波を中心にした士族により「前橋ハリストス正教会」が設立された。翌年には聖ニコライ大主教が深澤雄象をはじめとした旧藩士と、製糸工場で働くものたちに洗礼を施した。武蔵国川越藩士だった深澤は、前橋藩が立藩すると町奉行となり、藩財政の安定化のために輸出生糸の品質向上に取り組んだ。明治三年、スイス領事シーベルの斡旋でイタリア製器械十二台を購入、スイス人技師C・ミューラーを招聘して日本最初の洋式器械製糸工場である前橋藩営製糸所を創設した。この教会の明治十一年に建立された降誕聖堂のイコンは山下りんによるものであったが、戦災で焼失。その後、昭和四十九年（一九七四）に再建された聖堂のイコンは、ロシアの至聖三者セルギー修道院に作製を依頼した伝統的なロシアイコンである。

3　オシラサマ考

『遠野物語』のオシラサマ

柳田国男の『遠野物語』（一九一〇年）に取りあげられて以来、「オシラサマ」は蚕の神様の代表のようにみられてきた。

オシラサマは東北地方の旧家で祀られている神で、二体で一組、直径二センチから三センチ、長さ三十センチほどの棒で、桑の木（あるいは竹や杉、檜、栗）でつくられている。まったく細工されていないものと、棒の上端に馬、姫、鶏、烏帽子などが彫刻されているものがある。また「オセンダク」などと呼ばれる布片でおおわれ、棒の上端が布から出た「貫頭型」と、布に包みこまれた「包頭型」の二種類ある。オシラサマ信仰は東北地方の各地に分布しているが、呼称はさまざまである。津軽ではオシラボトケ、シラガミサマ、ジュウロクゼンシラガミサマ、南部ではオシラサン、オコナイサマ、宮城ではオッシャサマ、ジュウロクゼンサマ、山形ではオコナイサマやトドサマ、福島はオシンメイサマなどと呼び、信仰のありかたにも違いがみられる。

『遠野物語』巻頭の「題目」（項目）によると、「オシラサマ」は「一四」話と「六九」話に登場する。その「一四」話はこんな話である。

部落には必ず一戸の旧家があり、「オクナイサマ」という神を祀っている。その家を「大同《だいどう》」という。この神の像は、桑の木を削って顔を描き、四角い布の真ん中に穴を明け、これを上から通して衣装とする。正月の十五日には、小字じゅうの人びとがこの家に集まり、この神を祭る。

……またオシラサマという神あり。この神の像もまた同じようにして造り設け、これも正月の十五日に里人集りてこれを祭る。その式には白粉を神像の顔に塗ることあり。大同の家には必ず畳一帖の室あり。この部屋にて夜寝る者はいつも不思議に遭う。枕を反すなどは常の事なり。あるいは誰かに抱き起され、または室より突き出さるることもあり。およそ静かに眠ることを許さぬなり。

頭注には、「オシラサマは双神である。アイヌにもこの神があることが『蝦夷《えぞ》風俗彙聞《いぶん》』に見られる」「羽後苅和野《かりわの》の町で、市の神の神体である陰陽の神に、正月十五日、白粉《おしろい》を塗って祭ることがある。これと似たる例である」といったことが記される。

『遠野物語』はよく知られるとおり、柳田国男が遠野出身の佐々木喜善から聞いた民譚をまとめたものだが、「六九」話は佐々木が自身の親族から聞いた話である。

いまの土淵村には大同が二軒ある。山口の大同の当主は大洞万之丞《おおほらまんのじょう》という。万之丞の養母のおひでは、佐々木喜善の祖母の姉で、八十歳を超《こ》えたいまも健在である。魔法に長じており、まじないで蛇を殺したり、木に止まっている鳥を落したりするのを、喜善はよく見せてもらった。昨年の旧暦正月十五日に、この老女の語るところによると、

……昔あるところに貧しき百姓あり。妻はなくて美しき娘あり。また一匹の馬を養う。娘この馬を愛して夜《よる》になれば厩舎《うまや》に行きて寝《い》ね、ついに馬と夫婦になれり。或る夜父はこの事を知りて、その次の日に娘には知らせず、馬を連《つ》れ出して桑の木につり下げて殺したり。その夜娘は馬のおらぬより父に尋ねてこの事を知り、驚き悲しみて桑の木の下に行き、死したる馬の首に縋《すが》りて泣きいたりしを、父はこれを悪《にく》みて斧をもって後《うしろ》より馬の首を切り落せしに、たちまち娘はその首に乗りたるまま天に昇《のぼ》り去れり。オシラサマというはこの時より成りたる神なり。馬をつり下げたる桑の枝にて

「佐々木家のオシラサマ」個人蔵＊福泉寺保管（写真＝遠野市立博物館）

その神の像を作る。神の像は三つある。木の本《もと》で作ったものは、山口の大同にあり、これを姉神とする。木の中ほどで作ったものは、山崎の在家《ざいけ》権十郎《ごんじゅうろう》という人の家にある。ここは喜善の伯母が縁づいた家だが、いまでは家は絶えて、神像のゆくえはわからない。木の末で作った妹神の像は、いま附馬牛《つくもうし》村にあるという。

佐々木喜善は明治十九年（一八八六）に土淵村山口で生まれた。早稲田大学在学中に水野葉舟の紹介で柳田と出会い『遠野物語』のもとになる話をした。遠野に帰郷して、土淵村長などを務めながら、創作と民俗資料の収集、昔話集『聴耳草紙』『老媼夜譚』などをまとめたほか、オシラサマやザシキワラシにかんする論考も執筆した。

民俗学の最大関心

柳田国男は『遠野物語』刊行のひと月前、明治四十三年（一九一〇）五月に『石神問答』を出版していた。列島各地のさまざまな石神について、柳田が、山中笑《えみ》（共古《きようこ》）、伊能嘉矩《いのうかのり》、白鳥庫吉《しらとりくらきち》、喜田貞吉《きたさだきち》、佐々木繁（喜善）らとの交わした書簡を編集したものである。

遠野出身の人類学者伊能嘉矩は、日本における人類学の草分けといわれる坪井正五郎が、列島各地の「削りかけ」とアイヌの「イナウ」を比較したことに触発されて明治二十七年（一八九四）に「奥州地方に於て尊信せらるゝオシラ神に就いて」を発表していた。「石神」と「オシラサマ」は、日本の初期人類学、初期民俗学において大きな関心を集め、議論されたのであった。

＊

江戸時代後期の博物学者で旅行家の菅江真澄は、最晩年の紀行文『月の出羽路仙北郡』で、太田町中里（現在の秋田県大仙市）での見聞を記録するなかで、「おしら神」についてふれている。「白神《しらかみ》の社、世に『おしら神』また『おしらさん』という。祭日は三月十六日、斎藤久兵衛がまつる。そもそもこの神は養蚕《かふこ》のご神霊《おほみかみ》で、谷を隔てたところに立つ桑の木の枝を雄神とし、その西のほうにある木の枝を雌神《めがみ》として、八寸あまりの束《つか》の末に、人の頭《かうべ》をつくり、陰陽の二柱の神になぞらえ、絹綿で包みかくして、巫女がそれを左右の手に握り、祭文、祝詞、祓を唱え、加持祈祷として祭る。このおしらを『行神《おこなひしん》』というところもある。おしら神には、姫頭《ひめしら》、鶏頭《とりしら》、馬頭《うましら》などの種類がある」。このように東北のオシラ神、オシラサマが「蚕の神」であるという前提は、菅江真澄によるものだったといっていい。

伊能嘉矩は「奥州地方に於て尊信せらるゝオシラ神に就いて」で、オシラ神の起源をアイヌの神「オホシラ神」に求めた。昭和三年（一九二八）には喜田貞吉も、「オシラ神に関する二三の臆説」において、オシラ神は家の神で、アイヌの家の守護神「チセコロカムイ」の信仰が東北に残存したとするアイヌ起源説を主張した。これにたいし柳田は、「人形とオシラ神」（一九二九年）で喜田説を批判し、オシラサマを東北地方に残る日本人固有の信仰のひとつだとした。またニコライ・ネフスキーは、アイヌ起源説に疑問を抱きながらも、シベリアのシャーマンの民俗と比較し、狩猟の指導者である巫女の守護神ではないかと考えた。いっぽう佐々木喜善は固有信仰説を唱え、雑誌『東北文化研究』で喜田への異論を展開した。

柳田の『遠野物語』は初版のあと、昭和十年（一九三五）に増補版が刊行され、その際に追加された「拾遺」篇が収められた。その「七八」話で、柳田はすでに「オシラサマは決して養蚕の神として祀られるだけではない、眼の神としても女の病を祈る神としても、また子供の神としても信仰せられている」ことを記している。民俗学者や人類学者の議論は、オシラサマの信仰対象としての「性格」よりも、その「起源」にたいする関心にもとづくほうが多かったのである。

折口信夫の想像

柳田国男とならぶ日本の民俗学者の発展者、南方熊楠《みなかたくまぐす》と折口信夫《おりくちしのぶ》も、オシラサマについて考察している。

南方熊楠は柳田国男の『石神問答』『遠野物語』を読んで、明治四十三年（一九一〇）『東京人類学建誌』十一月号に「馬頭神について」を発表した。そのなかで熊楠は、佐々木喜善が『石神問答』で、オシラ様を「恋の神ならん」といっていることを紹介。熊楠自身も、上垣守国の『養蚕秘録』や古代中国の『捜神記《そうしんき》』を引用してこう述べる。

よって考うるに、この桑の枝にて作るオシラ様双体は、最初支那伝来の養蚕の神にて、養蚕はもとより婦女の本業なれば、もっぱら女人これを拝みしが、転じて恋の神のごとくなり来たりしこと、あたかも七夕の双神は、女子手工の巧ならんことを祈りしものなると同時に、愛敬の神となりしごときか。

熊楠はオシラ神のことを深追いすることはなく、「オシラサマ＝恋の神」説を発展させることはなかった。

＊

折口信夫は、さきの人びととは距離をおきながら、独自の「おしら様」論を展開した。大正十一年（一九二二）「雛祭りの話」で、「淡島様」と「おしら様」の類似を指摘する。

> おしら様には馬などの動物の頭のもあるが、だいたいにおいて、男女一対のものが多いようである。しかも、しら・ひなは音韻の関係が、すこぶる、密接であるから、まんざら、没交渉のものと思われぬ。

さらに折口は昭和四年（一九二九）に発表した「偶人信仰の民俗化並びに伝説化せる道」では、「十五　おひら様の正体」という見出しを立てて、「おひな様」と「おひら様（おしら様）」の関係について考える。

現在、東北に残っている「おひら様」だけを見ると、必ずしも、夫婦であることを本体としているると断言できない。おひら様にかんする由来を、その「祭文」によってみると、疑いもなく、こうした一対のものを原則としたとみてよい。その二つを、祭文を語りながら遊ばせたのである。だから場合によっては、馬頭だけを離しても、また女体の方だけを離しても、おひら様と考えることができたのである。蚕神である馬頭がなくなって、ほとんど普通の「立ちびな」の形に近づいているものもある。それと、「三河びな」「薩摩びな」を比べてみると、非常に変化があるようだが形式上通じたところのあるのがみえる。

……これから考えると、これらのものは毎年、年中行事として、一度棄てたものに相違ない。そうしてそれが、毎年捨てられる代わりに、新しい布帛を掩うことによって、元に戻ったことを示す形のおひら様が、できたのではあるまいか。こうして、棄てられるおひら様以外に、神明巫女の手によって、つねに保存せられる強力なおひら様が、もっぱらおひら様として信ぜられるようになったと考えてみることができる。このおひら様は、その巫女の信仰形式の変るに従って、姿をあらためてくることもあったに相違ない。たとえば、熊野の巫女が、仏教式に傾いた場合には、遊ばすべき人形《ひとがた》の代わりに、仏像を以てするにようになったこともあった、と考えてよさそうだ。

以上の二篇は、昭和五年（一九三〇）六月に刊行された『古代研究』の「第一部　民俗学篇第二」に、「鬼の話」「大嘗祭の本義」などとともに収録された。

昭和七年（一九三二）の口述筆記文「石に出で入るもの」は柳田の『石神問答』を踏まえながら、「かひ」や「かひこ」という言葉を追究する。

……かひはまた、卵の殻をも言います。卵のことをかひこと言い、鶯のかひこなどと言うております。このかひは養蚕《かふこ》から出たと言われるかひことは、おそらく、別だろうと思います。こう思うてはいるが、これは昔からの、習慣的な考え方であって、もとは同一かもしれません。この卵のかひこは、だれでも、二つのものが合わさっているとは考えません。それで、かひというのは、やはり内在物を包んでいる外側のことです。ただうつと言い、かひと言い、ことばの区別はまだわかりません。こう言うのはその元のことばにおける区別であって、後代にはわかりすぎたことになります。でこの卵のことを、かひこと言うのも、これも一種の石と同じ意味なのです。石の中に、魂が入って来る。鳥の卵は、始めから物が入っている。外から物が入って来て、ある期間籠っている。だから出て来ると考えているのです。これは、石と同じことです。我々は、この動物学の考え方を以てしてもわからなくなります。我々の知識によって考える、その順序では見られません。これを普通、蚕の場合には、まゆ・まよなどと言いますが、これにも意味があると思います。また、考え方によれば、うつ・かひ・まゆは、平凡に言うと、魂の籠り場所とも言えます。

折口はさらに、「おしら様」は、「しら」は「ひる」、古代語の「ひひる」であり、蛾・蝶のことで、蚕は繭のなかにいるときも、「ひひる・ひる」と呼ばれたというのである。折口の「かひこ」論はこうして、どこまでも羽を広げていくさまが、とても刺激的である。

ネフスキーの「知る神」説

こういった日本民俗学における初期オシラサマ研究において、ロシア出身の民俗学者ニコライ・ネフフキーの果たした役割はたいへん大きなものだった。

柳田国男は昭和二十六年（一九五一）刊行の『大白神考』の「序文――オシラ様とニコライ・ネフスキー」で次のように述懐する。過去数十年の研究にもかかわらず、この興味ある信仰現象が「安全な」解釈に到達しえなかった原因は、一地方の変化があまりにも著しく、かつ複雑であったためである。さらにこの問題が「いくぶんか北境に偏している」ために、蝦夷文化の影響であるかのような、漠然とした推測も手伝ってなかったとはいえない。

いわゆる大白神信仰の近代の変遷を叙述することは、今となっては容易な事業でないが、それを怠ってはただ仮定説の一つを附加したことになるのみか、この一巻の文集も完結ということができない。それ程にもこれは時を隔て、また予想の読者をちがえて、その折々の見解を発表した文章であり、その間にまた自分の判断も少しは伸び進んでいる。ニコライ・ネフスキー君を始めとし、幾人かの援助者の厚意を想い起すとき、これをこのままにしておくのは何としても気が咎める。そこでもう一度自らを励まして、できるだけ簡略にこの研究の結末を付けるとともに、これまでに利用した大小さまざまの資料を整理して、民俗学研究所の方に保存しておくことにしようと思う。

ニコライ・ネフスキーは一八九二年ロシアのヤロスラブリ生まれ。ペテルブルグ大（現・サンクトペテルブルク国立大学）で日本語と中国語を修め、一九一五年に日本へ留学。柳田や折口、金田一京助らに師事し、アイヌ文化や沖縄地方の方言を研究した。小樽高等商業学校（小樽商科大学の前身）、大阪外国語学校（大阪大学外国語学部の前身）で教鞭をとり、萬谷イソと結婚し、エレーナをもうけた。昭和四年（一九二九）、中世中国の西夏語を研究するため単身で帰国し、レニングラード大学教授に就任。四年後には妻子を呼び寄せたが、スターリンの大粛清に巻き込まれ、国家反逆罪の疑いで夫婦とも相次いで逮捕され、ともに獄死したといわれる。

ネフスキーは、大正九年（一九二〇）四月一日に中山太郎宛の書簡では、独自の「オシラサマ＝知る神」論を述べる。

私の考へではシラーといふ神名は知るといふ語から来ているのではなかろうか。そして神様の名前はシラであってこの神に侍する者―即ち巫女―もシラといふ名前を負ったらしい。おしまいには巫女の俗名になったのではなかろうかと思います（白神筋、白比丘尼、白拍子、白太夫等ご参照）。ご承知のとおりいろいろの人種や民族の巫祝の俗名は（シャマンを始めとして）知るという語に根ざしているのです。日本にもヒジリなどの言葉は同じ意味じゃありませんか。ごく昔は巫女のことをただシラというたかもわかりません。

人民の方からいえば巫女はシラすなわちモノシリで、巫女の方からいうとオシラ神は我にものをシラせる神であると言うても差支えがなかろうと思います（国々にある尻神や知神等はもと巫女《シラ神》であったかも知れません）。昔の巫女が神下しする折にはいろいろの神を呼び寄せたが、それに憑いた神はただ一番大切な代々から緻密な関係のあった神だけでした。その神を巫女自身が知《し》ら神といったのではなかろうか。またいろいろの神々を呼び寄せたことも右の因縁深いおしらさまのお蔭だったと思います。だから神降しの時に右の御神体で弦を打って神々の名を唱えて彼らを呼び出したのです。

ネフスキーはこのあと、「自分も時として白太夫と名乗って国から国へ漂っておりました」といいながら、「もとのところには仏像を真似てオシラ神の御神体を安置して『白太夫』として祭ったのだろう」と推測する。さらに「白山」はなにかの理由で巫女に関係が深いところで、「白山（ハクサン）」のもとの訓は「シラ山」だと思う。それが仏教の影響を受けて、「ハクサン」と呼ぶようにしただろう。そのあたりから出た巫女は、西宮の「白太夫」と同じように、男女二体の人形を安置して、それを「白山権現」として祭ったかもしれないがどうだろう。このように中山太郎に問いかける。

また同じ大正九年十月九日に佐々木喜善に宛てた書簡には次のように記す。

先日よこして下すったカードを見ると、下閉伊郡所々ではオシラサマは蛇であるということが見えました。小生の考えでは、これは昔の蛇崇拝と混同されております。蛇はよく鼠を食うという事実から昔の養蚕家が上蔟前後は鼠害で困って蛇を養蚕の守護神として喜んで歓迎していたために、右の崇拝が始まったと思います。この崇拝は、昔時に東北地方では広く行われたようです。

オシラサマが養蚕の守護神と考えられるようになった時期に、「蛇崇拝」がある村に入り、その崇拝を押しだす力がなかったため、混同されてしまったのではないか。ところが下閉伊郡の小国村では、二つの崇拝が別々になっているところをみると、オシラサマは、もともと養蚕に関係がなかったと想像することができる。

どうしてオシラサマは養蚕神になったかというと、主として昔の東北地方では蚕のことをシロ、またはシラといったためであろう。荘内地方では今までオシロサマ、甲州勝沼辺では天蚕糸《テグス》になる虫をシラガタイフ（甲斐之落葉）といいます。先に送って上げました青森県のオシラ祭文を見ると、シラがタネという詞がございます。全文の意味から解釈すれば蚕の種という意味にほかならないじゃありませんか。だから白子《シラコ》大明神のようなものは（この間送ったカードご参照）立派な養蚕神で、我々の研究しているオシラサマには関係なしと思います。

柳田国男は晩年の回想録『故郷七十年』（一九五九年）で、ネフスキーの大きな功績は、オシラサマの研究、西夏にかんする研究、沖縄の言語だったという。

ネフスキーについて柳田は、石田英一郎が考古学や民族学を研究しているロシア人にカリフォルニアで会ったときネフスキーのことを聞いてみたところ、「細君が大分先に死に、彼が日本へ出す手紙はみな遮断されてしまった」という話だったという。そうして柳田は、「日本の学界のために、これだけよく働いたネフスキーという人間の仕事の成果が、なんにも残らず消えてしまうということは、なんとしても気の毒であったというべきだろう」と悼み惜しんだ。ネフスキーの業績と生涯はその後、岡正雄編・加藤九祚《きゅうぞう》解説による平凡社東洋文庫の『月と不死』（一九七一年）や、同じく加藤が書いた評伝『天の蛇――ニコライ・ネフスキーの生涯』（一九七六年）などで、現在まで伝えられてきた。加藤の『天の蛇』は平成二十三年（二〇一一）に増補され、ネフスキーは逮捕の翌月、一九三七年十一月にレニングラードで妻とともに、「国家叛逆罪」で銃殺刑に処されたという衝撃的な証言が記されている。

馬娘婚姻譚

オシラサマは、もともと本家筋の家や旧家の主婦が祭りをおこない、そののち盲目の巫女である「イタコ」が頼まれて司祭するようになった。この神は「家の神」であるとともに、「目の神」「火の神」「水の神」という性格をもち、また呪術的な民間医療もおこなわれ、占いや託宣もした。こうした信仰に「蚕の神」信仰が加わり、「オシラ祭文」が語られるようになった。

一月、あるいは三月や九月の十六日の「オシラサンの命日」に祭りがおこなわれ、オセンダクをかぶせ、イタコが「オシラアソバセ（オシラボロキ）」をする。「オシラ祭文」を唱え、オシラサマを捧げもち、舞わせるのである。「オシラ祭文」の歌詞は「馬娘婚姻譚」で、家族について託宣する場合は、注意すべき時期や危険の内容を語るものである。

オシラアソバセで語られるのは、「せんだん栗毛物語」「きまん長者物語」「しまん長者物語」「満能長者物語」といったたいへん長い祭文である。今野圓輔は『馬娘婚姻譚』（一九五六年）でこうした祭文を多数取りあげたが、おおよそ次のような物語である。

「昔ある長者の家に天下の名馬が飼われていた。ところがこの馬がお姫様を好きになってお姫様以外の誰が餌をやってもたべなくなってしまったので、怒った長者は、この馬を殺して皮をはいでしまった。そして、その皮を河原にほしておいたところが、そこへお姫様が供養にいくと名馬の皮はお姫様をクルクルとまいて天高く舞い上がってしまった。それから一年後の三月十六日に、天から白い虫と黒い虫が降ってきて山椒の枝にとまって、その葉をたべていた。いまのカイコは、この名馬とお姫様の生まれかわりで、オシラ神とよばれる神様は、その桑の木で作った神さまである。いまでも三月十六日にまつるのは、その命日だからである」。

中国の東晋（四世紀初め〜五世紀初め）の歴史家干宝《かんぽう》の『捜神記』は、著者の身のまわりに死者が蘇生する事件が起こったことに刺激されて、古今の奇談を集めて書かれたという。冥界物語のほか、古代神話や民間説話の宝庫で、神仙、道術、妖怪、動植物の怪異などを集めたものである。今野圓輔は『馬娘婚姻譚』で、『捜神記』の巻十四と呉の張儼《ちょうげん》が書いたと伝わる『太古蚕馬記』、唐代孫頠《そんぎ》の筆による『神女伝』の「蚕女」の話を比較している。このうち『捜神記』巻十四と『太古蚕馬記』はまったく同じで、『神女伝』も同工異曲である。

「昔一人の男が旅に出た。その家には一人の娘と一匹の牡馬がいた。娘はその馬を養っていたが、ひとり暮らしのわびしさに、父を慕って、あるとき馬に戯れていった。『お前が私のために父を迎えに行き、連れて帰ってくれたならば、私はお前の嫁になりましょう』。馬はこれを聞いて手綱を断ちきり、ただちに娘の父のところに至った。娘の父は馬にまたがった。馬は自分の来し方を思って、鳴き悲しんでやまなかった。家に戻った父が娘にたずねたところ、娘は馬との約束を話した。これに怒った父は馬を射ころし、皮を剥いで庭に曝しておいた。そののち娘が、隣の娘と遊んでいたときに、曝されていた馬の皮を足で皺寄せ『畜生の身でありながら人間を妻にしようとしたからこんな目に遭ったのだ』といい終わるや、馬の皮が娘を巻きこみ、空へと去っていった。それから二、三日後、大きな樹の枝の間に馬の皮を見つけることができたが、娘も馬の皮もことごとく蚕と化し、樹の上で糸を吐いていた。その繭は糸が厚く太く、世の常とは異なるものだった。隣の娘がこれを飼って養ったところ、繭の実入りが数倍になった。そこで、蚕が見つかった樹を桑と名づけたが、『桑』とは『喪《そう》』の意味だという。これ以来、人びとは競って桑を植え、蚕を飼育するようになった」

今野圓輔は大正三年（一九一四）に福島県相馬郡八幡村（現在の相馬市南部）に生まれた。「養蚕を営むために、それまでの農家には珍しく大きな二階建を建てた磐城相馬の家に生れ育った私は、幼い頃から『蚕の背中には馬の蹄の後がある。お蚕様《こさま》は、馬の生まれかわりなのだ』という話を聞いていた」（今野前出）。慶應義塾大学文学部国文学科で折口信夫らから民俗学の薫陶を受けるとともに、柳田国男に師事。毎日新聞社に勤務しながら日本民俗学会評議員などを歴任し民俗学研究所設立にも尽力した。

今野は『馬娘婚姻譚』の「まえがき」で、「馬と姫が蚕に化身して人間に幸福をもたらすという由来譚は、米作につぐ重要産業である養蚕、すなわち生産と直結する聖なる物語として受け取られるのは当然であった」という。そして今野は江戸時代に入ってからの『捜神記』の輸入が、文学者の参与により、現在伝承されている「オシラ祭文」の一つの主流となっていったものの、東北の旧家に祀られていた信仰としての蚕神ではなく、オシラ神の本源の神は、「はるかな昔から別個に尊崇されていたのにちがいない」という。蚕とはなにも関係がない単なる長者物語が、長いあいだ語り歩かれているうちに、新しく入ってきた「蚕神由来譚」と結合されてきたのではないかと推論している。

＊

文化人類学者の石田英一郎は、大正十三年（一九二四）から十四年にかけて京都帝国大学文学部で木曜午後におこなわれていた、大阪外国語専門学校講師ニコライ・ネフスキーによる、ロシア語の講義に欠かさず出席した（石田の所属は京大経済学）。石田が昭和三十一年（一九五六）に刊行した『桃太郎の母』も多大な影響を受けた、ネフスキーに捧げるものとなっている。

収録論文のひとつ「桑原考」は、雷除けに「桑原、桑原」と口にするという民間の俗信を、養蚕とともに発達した、桑の木の神聖観に由来することを説く。さらにその淵源を養蚕、絹織の起源である中国に求める。「私はオシラ神の本質的な性格は、北アジアシャアマニズムなどと共通する、わが国の民間巫道のなかに求めうべきものと信じているが、こうした馬頭の神体や蚕神としての信仰は、馬娘交婚の起源説話とともに、中国古来の蚕桑信仰にその系統を引くものと考えざるをえない」という。石田はさらに、周末から秦漢の古墳の副葬品にある、「金蚕」「銀蚕」が、さまざまな史料に散見することを指摘。この「金蚕」は、京都大学そのほかに所蔵される銅製鍍金の蚕形にほかならないと石田はいう。

養蚕産絹が盛大となり、天子諸侯がみな蚕室を設けて、后妃妻妾親らがこれに携った周末秦漢の時代に、黄泉《よみ》の世界における用にあてるため、またおそらくは僻邪厭勝《へきじゃえんしょう》の呪的な意味をかねて、このような蚕形が王侯貴人の副葬品として埋蔵されたと考えられる。石田はまたこうした資料から、桑や蚕に呪的な能力を付与した太古の信仰は、有史以前に源を発し殷周に及んだものと推定できると述べている。

こういった蚕形の「護符」が副葬品に用いられたとすれば、それは製絹技術の伝播の古さや経路にたいする指標を与えるとともに、朝鮮や日本の先史学上の研究も、新しい示唆を受ける可能性がある。石田はこのように、「蚕」や「桑」を、人類学的視野から考察したのである。

宮本常一のオシラサマ紀行

宮本常一が昭和三十五年（一九六〇）に発表した「残酷な芸術」（『庶民の発見』所収）でも戦前のオシラサマ探訪が詳しく記されている。宮本は蚕神信仰の解明に向かわなかったが、たいへん魅力的な紀行文なので紹介しておきたい。

私がこの得体《えたい》の知れない神を初めてみたのは、アチック・ミュージアム（現日本常民文化研究所）の二階の片隅においてであった。二階の一部屋に台湾紅頭嶼ヤミ族の民具が三千点も収蔵されていて、そのまま未開社会を思わせるものがあったが、その隅にほこりのかかった石油箱があって、その中にこの神体が入っていた。ヤミ族の民具とは感覚的にちがうから、別の世界のものだろうとは思ったが、しかしなんとなく共通する原始性があった。私より古くからいる研究員に「これはなんでしょう」ときくと、「それはオシラ神だ」という。「台湾の神さまですか」「いやそうではない。東北の神さまですよ、さわっているとたたられますよ」「へえ、それは一大事」と、それでとりあげることもせず、「さわらぬ神にたたりなし」ときめこんだのである。

ところがたしか昭和十五年（一九四〇）の夏、渋沢敬三から、「もと盛岡銀行の専務をしておられた太田孝太郎氏からオシラサマという神さまを四十組ほど贈られているのだが、研究してみないか、とても大事な問題をもっていると思う。第一、その神体が男であったり女であったり、馬であったり鶏であったりする。素材は桑の木が多い。この神に毎年一枚ずつ布をきせるならわしがあって、百枚もきせたものがある。いちいちしらべてみると染織の歴史がわかって来はしないかと思う。またこれは盲目の巫女が両手にもって躍らせるようなことをする。人形芝居とも関係があるかもわからない」と調査の指示をうけた。

その四十組八十体を調べてみると、慶長四年（一五九九）の年号をもつものが四体あり、ずいぶん古くから信仰されているものであることが、おぼろげながらわかってきた。そこで、現地を歩いて、オシラサマがどんな人々によって信仰されているのかみてくることが大切だと、その年の十一月初めに東京を発ち、新潟県村上から、オシラ神を探しもとめて歩きはじめた。

宮本は新潟から山形県の鶴岡に入り、鳥海山麓を亀田まで歩き、男鹿半島をまわって、米代川をさかのぼり青森県の木造から、北へ向かって歩きだした。そこから八戸で小井川潤次郎、盛岡で太田孝太郎に会い、三陸海岸を遠野から大船渡へ出て海岸線を少し歩いた。その翌年の夏も、津軽のオシラサマは見ておきたいとおもい、七月下旬に金木の川倉地蔵尊へ行き、そこで今野圓輔と会い、さらに小泊から板柳、秋田県の大館付近を歩いた。

昭和十六年は、東北地方の太平洋岸を冷害がおそっていた。七月の末ごろここをあるいて、寒々とした野の稲の穂が白く枯れているのをみた。夏の支度ではガタガタふるえるほど寒かった。古間木《ふるまき》というところで、雨をみながら百姓たちが「わしら何一つ悪いことした覚えもないのに、どうして神さまはこういう雨をふらすのだろう」となげいているのをきいて、心をいたましめたことがある。冷害すらが気づかぬ不徳をおかしていることが原因のように解しており、そのためにも神霊の声はたえずきかねばならなかった。そのおり別の百姓が「わしら悪いことをしなくても支那《シナ》のほうでたくさん人を殺している。よくないこともあるだろう」といっていた。日支事変のことをさしているのである。

遠野地方のオシラサマには、毎年一枚ずつ布片をかぶせていく習慣があった。アチック・ミューゼアムに寄贈されたもののなかにも、百枚以上の布片を着せたものが二体ある。途中で若干脱がせてあるが、下へいくほど古風な布が多いので、年代順になっていることがわかる。

その布地を四十体についてみると、千四百枚ほどになる。これは染織史上、重要な資料になるだろうと宮本は考えた。

この布地の「地質」を上からみていくと、モスリン・ナイスモス・機織木綿《はたおりもめん》・金巾《カナキン》・手紡《てつむぎ》織《おり》木綿・絹薄地・絹経細緯太《きぬたてぼそよこぶと》・マダ布・麻布・紙・真綿の順になっている。そのうち絹経細緯太の地が最も多く四百七十七枚、そのつぎが機織木綿の四百三十二枚、手紡木綿の二百八十五枚となっている。そこで原則としては、この地方で用いられる晴衣《はれぎ》のようなものがオシラサマに着せられたことがわかり、農民たちの日常着を着させることは少なかったらしく、日常着と思われるマダ布は四十枚、麻布はわずかに二枚にすぎない。したがって、この地方で生産せられ染織されたとみられるものは少なく、たいていは上方《かみがた》からもたらされたと推定せられる、友禅更紗、または小紋更紗が多い。

そして機械木綿から上にあるものは、ほとんど例外なしに化学染料が用いられていて、植物染料をみかけない。日常着には植物染料が用いられていたと一般には思われるが、晴れ着は手《て》織手染《おりてぞめ》を用いることがなく、ほとんどが店売りのものを買ったと考えられる。日本に化学染料の入ったと思われるのは明治初期だから、オシラサマには、いちはやく化学染料のものが用いられているのである。

元来、信仰は保守的なものと思われるが、半面、それが長くつづいていくためには時代に即応する新しさももっているのである。つまりオシラサマは、東北地方でいちばん最初に、東京や大阪で流行の布地を身につけた神さまのようである。と同時に、地方における晴れ着もまた自製はすくなくて、呉服店《ごふくてん》から買われるものであったと思われる。

宮本はオシラサマの民俗信仰よりも、それが着させられているオセンダクの素材と染料に着目した。そうした結果、オシラサマは古くは真綿で包《くる》まれ、最も多く絹織物をまとっていたことがわかったのである。宮本常一が所属したアチック・ミューゼアムは戦時下に日本常民文化研究所と名を変え、昭和十八年に『おしらさま図録』を刊行した。しかし宮本自身の「オシラサマ調査報告書」は校正刷までできあがっていたものの、不急出版物として出版を許されず、戦災で一切を焼いたという。

桑は神木

漢字学者の白川静が「桑は神木であり、神々は多くその空洞から生まれた」と定義づけるように、桑の木じたいも信仰の対象となった。

群馬県沼田市石墨町にある「薄根の大クワ」は山桑では日本一の巨木で、樹高は約十三メートル、根元周囲は約五・七メートルで、樹齢は千五百年と推定されている。地元では「養蚕の神」として祀られ、周囲の桑園が霜害にあった際には、この桑の葉を養蚕に用いたという。

今野圓輔の『馬娘婚姻譚』には、「毎日新聞」青森版に載った青森県西津軽郡車力村の紫桑にかんする記事の話が出てくる。昭和三十年（一九五五）四月二十日付の紙面によると、小山内繁造さんの屋敷に繋っている「紫桑ノ木」（直径一・五メートル、高さ十七メートル）を、同家では「白神様（別名オシラ様＝農民の神様）」の元祖だとして保存している。ところが北津軽郡武田村に住む人がこのほど、この木を「三十万円で売ってもらいたい」と申しこんできたが、小山内さんは断った。

この巨木は推定樹齢一千三百年とされ津軽のイタコ（巫子）たちの持ち歩くオシラ棒（紫桑ノ木で作った人形）のほとんどがこの桑ノ木で作ったものでいまを去る二十年前にも五所川原市のさる材木業者が一千五百円の値をつけたが手放さなかったというシロモノ。

小山内さんは『この紫桑ノ木をセンじて飲めば中風病によく、さらにこの木で皿や、酒のみちゃわんを作れば皿だけでも一枚一万円の値打ちがあるのでとてもこの家宝は売れません』といっている。

流行神としてのオシラサマ

関東以西では蚕じたいを「オシラ」と呼ぶなど、東北とは違った信仰の形をとった。群馬県のオシラサマは養蚕神で、小正月十四日の晩、または二月初午の前の晩に、天から降りてくるといい、オシラサマを迎える「オシラマチ」行事がある。庭先に目籠をつけた竹竿を立て、そこからしめ縄を縁側まで引いてくる。オシラサマが籠や竹竿、しめ縄を伝わって家に入り、神棚にたどり着くものと信じられていたのである。オシラサマの神棚に、「十六マイダマ（繭玉）」や「十六バナ」と呼ぶ十六段のケズリバナを供えるところもある。オシラサマの祭りの本尊は、手に桑を持ち、左手に蚕種神を下げた女神の立姿や馬に乗ったものが多い。これは「絹笠様」や「馬鳴菩薩」と共通する図柄である。ただし群馬では蚕そのものを「オシラ」と呼ぶ例は確認されていないという。

埼玉県西部や東京都の多摩地方などでは、蚕のことを「オシラ」といい、一月から三月ごろまでに、養蚕をする主婦たちが集まり「オシラ講」という「お日待ち」をすることが多かった。「蚕神」の掛軸を飾り、マユダマを中心に料理を供え、飲食して楽しんだ。蚕神の掛軸の絵柄は、「蚕影様」のほか山の神や白山様もあった。このあたりではオシラは「蚕」または「蚕の神」のことで、ほかのご利益を願う信仰は一切なかった。

関東のオシラ信仰は、東北のオシラ神信仰が伝わったと考えられる説もある。しかし東北のイタコや宗教関係者が関東へ布教する必要はなく、関東に入るだけの行動力もなかった。さらに関東は東北に比べると蚕業の先進地であり、蚕影山や絹笠様などの蚕神信仰も広まっていたことから、東北のオシラサンを受けいれる必要はなかったのである。

＊

宮本常一のオシラサマ調査から六十年を経過した平成十二年（二〇〇〇）の八月から九月

に遠野市立博物館で、展覧会「オシラ神の発見」が開催された。その図録によると、調査当時、遠野市内には六十三軒、百六十九体のオシラサマがあった。材質は桑の木が多く、材質がわからない場合でも、桑の木だと伝えている場合が多い。栗、杉、竹、石製の御神体もある。市内に現存するオシラサマで記銘が最も古いものは、「文禄三年三月十六日」（一五九四年）で、ついで慶長十四年（一六〇九）、慶安二年（一六四九）、寛文十一年（一六七一）、明和二年（一七六五）、文化二年（一八〇五）のものが確認されている。

オシラサマ信仰にたいしては、養蚕の神、家の神、目の神としている家が全体の七割以上を占める。オシラサマを養蚕神とする家でも、かつて養蚕をしていたという家は少なく、現在ではおこなう家もない。養蚕をおこなっていた家では、蚕がそじない（悪くならない）といって拝んだ。遠野で養蚕がおこなわれるようになったのは、『遠野旧辞記』によれば、福島出身の女性が、養蚕と絹織物の方法を遠野南部家中の婦人に教えたという記事がある、元禄七年（一六九四）から同八年ころと考えられる。しかしこれ以前の年記銘をもつ、馬頭人頭のオシラサマが存在するということになる。

遠野地方における養蚕・製糸業の本格化は明治十六年（一八八三）に殖産家の山奈宗真《やまなそうしん》がはじめたものである。弘化四年（一八四七）に陸前国横田村（現在の遠野市）に生まれた宗真は、近年では、明治二十九年六月十五日におこった明治三陸大津波の際、三陸の海岸線を単身徒歩で踏査し、「岩手県沿岸大海嘯取調書」にまとめたことで知られる。宗真は、牛馬の育種・改良をおこなうなど畜産業を奨励するとともに、養蚕の振興につとめ、遠野に農業試験場、製糸工場を開設した。『遠野物語』の「九九」話は明治三陸大津波にまつわる話だが、遠野の人びとにとっては、明治に入ってからの養蚕の奨励も、『遠野物語』の序文でいうところの「目前の出来事」であり、「現在の事実」であった。さまざまな性格を付与された遠野のオシラサマは、こうして「蚕神」としていっときの隆盛をみたのではないか、と想像するのである。

三　猫にもすがる

1　お蚕様を喜ばす

上州の「養蚕の舞」

お蚕様を喜ばせるために、人びとはさまざまな祭りを考案し、芸能を生みだしてきた。群馬県渋川市、下南室《しもなむろ》字宮谷戸《みやがいと》の「赤城神社」では、毎年四月の第一日曜日の例祭に、境内の神楽殿で「下南室太々御神楽《だいだいみかぐら》」が奉納される。集落の高台に建つ赤城神社は、祭神に豊城入《とよきいり》彦《ひこ》命をまつり、大同二年（八〇七）に宮城村三夜沢《みよさわ》にある県社赤城神社より勧請されたと伝えられている。

太々御神楽の二十座ある愛嬌舞《あいきょうまい》のうちの一坐は、「養蚕の舞」と呼ばれる。農婦が若者に、養蚕の祖神である「絹笠大神」から教わった蚕の飼育方法を伝授してゆくようすを、神楽のなかで表わしたものである。養蚕の手順やしぐさが、滑稽味を交えて繰りひろげられる。

三　猫にもすがる

1　お蚕様を喜ばす

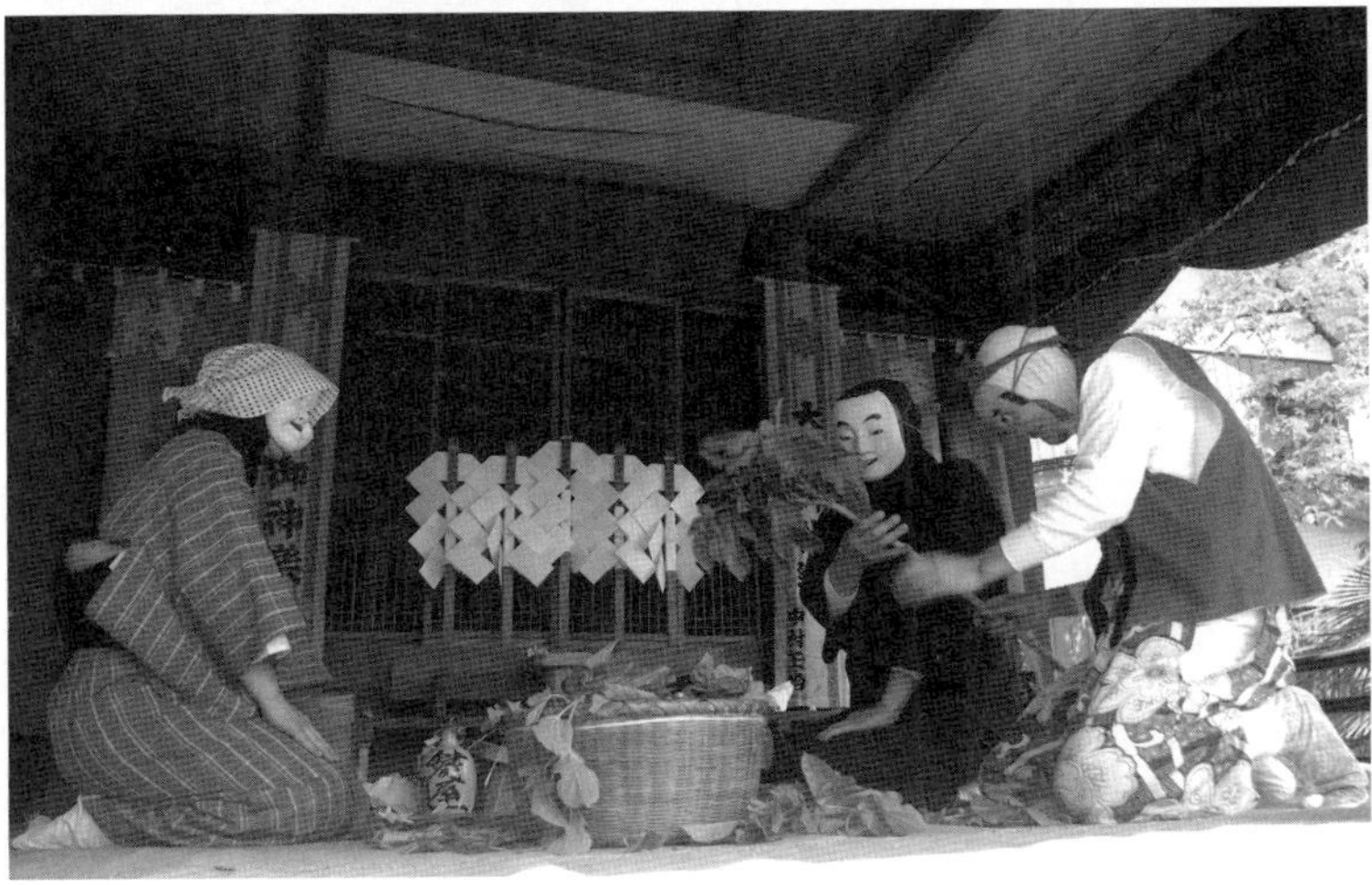

上：赤城神社の「下南室太々御神楽」（群馬県渋川市）
下：春日神社「太々神楽」（群馬県前橋市）

前橋市の南部、上佐鳥町の「春日神社」でも五月三日の祭礼に奉納される「太々神楽《だいだいかぐら》」で、八座目に「蚕の舞」が演じられる。五月三日は、八十八夜頃にあたる。「掃立《はきた》て」から「上蔟」までを、二人の火男と主人、それに主婦が登場して舞う。また、この神楽では、餅などに合わせて養蚕に必要とするザル、桑つみ、籠、掃立ての羽根わりばしなどを投げ、これらを拾って養蚕に用いると、蚕が当たるといわれてきた。

*

旧暦の元旦である二月十一日に、群馬県利根郡川場村の門前《もんぜん》地区でおこなわれる「春駒」は、地区の家内安全と養蚕の豊作を祈願する門付け芸である。門前の若い男性が「おっかあ」一人、「むすめ」二人、「おっとう」一人に扮し、四人一組で歌と踊りを披露しながら約百三十軒の家々をめぐる。むすめ役の男性は白粉《おしろい》や口紅などで化粧し、かつらや着物を身につける。

（前唱）
サアサアのりこめはねこめ蚕飼《こがい》の三吉
のったらはなすなしっかとかいこめ
（本唱）
春の始めの春駒なんぞ

門前の「春駒」(群馬県利根郡川場村)

夢に見てさえ良いとや申す
申してうつつは良女が駒よ
年もよし世もよし蚕飼もあたる
蚕飼いにとりては美濃の国の
桑名の郡や小野山里で
とりたる種子はさてよい種子よ
結城蚕だねか茨城だねか

踊り子たちはこういった「春駒の唄」を歌いながら、吉祥寺を夜明け前に発ち、家々を門付《かどづ》けしていく。むすめは右手に馬頭をかたどった「駒形」を握り、「振り子」と呼ばれる帯状の布を両手に渡す。振り子には鈴がついていて、踊りとともに音をたてる。おっかあが叩く太鼓のばちは桑の木でできており、各家を訪ねるたびに置いていく。この桑のばちは神棚に飾られ、人びとは豊蚕を祈願するのである。

瞽女唄

盲目の女性芸能者である「瞽女《ごぜ》」の門付けは、養蚕がさかんな土地でとくに歓迎された。瞽女は、近世までは日本のほぼ全域で活躍し、二十世紀には新潟県を中心に北陸地方などを転々としながら、門付け巡業を生業とした旅芸人である。道案内の手引きとともに、一年のほとんどを旅に暮らし、三味線伴奏の唄をうたった。彼女たちを迎えた村人は「ごぜさん」「ごぜさ」「ごぜんぼ」などと呼んだ。

瞽女は養蚕、安産、治病などの民間信仰の担い手でもあった。

上州、会津、米沢、越後などといった養蚕のさかんな地域を訪れると、瞽女は蚕棚に案内され、「お蚕様に唄を聴かせほしい」などと依頼された。また瞽女に蚕棚のあいだで食事をとらせ、蚕棚のあいだでよい布団に寝かせた。蚕の卵を拝んでくれるようにと頼まれることもあった。瞽女たちは弁財天を信仰して祀る「妙音講」を開いた。

——長野県飯田の伊藤フサエは、蚕の守り神とされた弁財天の祭りには養蚕農家が多く——

参詣に来たことを覚えていた。瞽女の三味線の切れ糸を頂戴して帰ると蚕の当たり年になるという縁起で買い手が殺到したため、瞽女は新しい糸を買い、鋏で切りわけて配った。

（ジェラルド・グローマー『瞽女《ご ぜ》うた』）

関東地方で歌われた「蚕くどき」はこういった歌詞であった。「敷居前なる　そなであれば／桑を沢山　くれなきゃならぬ／繭を作らにゃ　そのぶんにゃ置かぬ／そこでむこうが　申せしことに／桑を沢山　食わせたならば／繭も十分　作りましょうと」「これを見る人　聞く人々が／むほん蚕を　いたすがよいと／こかげさんとて　その名も高き／蚕繁昌　末繁昌よ／歌いがなりて　イオサお目出度いナーエ」。

昭和初めの大恐慌は、瞽女たちにも深刻な打撃を与えた。絹糸の値段の下落、豊作と台湾などからの輸入などによる米価の低迷は、小規模農家の生活を圧迫し、瞽女の生業の経済基盤はますます弱まっていったという。こういった瞽女稼業の盛衰は、ジェラルド・グローマーの『瞽女《ご ぜ》うた』が、経済的、社会的、政治的背景をもとに詳しくたどっている。

「風の盆」と養蚕

富山県富山市の八尾《やつお》町で九月一日から三日に行われる「おわら風の盆」は、「越中おわら節」にのせて踊る盆踊りとして、毎年数多くの観光客が訪れる。もともとは地域に密着した行事だったが、高橋治の小説『風の盆恋歌』（一九八五年）や石川さゆりの演歌などで知名度があがった。

JR高山本線越中八尾駅の南方、井田川に沿った河岸段丘のうえに街並みが広がる。三味線、胡弓、太鼓の伴奏で数人の音頭が歌い、踊り手が囃子ことばを入れながら、町を踊り流す。踊り子は、女性が浴衣に黒繻子帯、菅笠、男性ははっぴに菅笠をかぶる。

この踊りの起源としては、元禄十五年（一七〇二）に町外に流出していた「町建御墨付文書《まちだて》」が返還された祝いに、町民が三日間歌い踊りながら町を練り歩いたのがはじまりで、それが真宗寺院聞名寺《もんみょうじ》の盂蘭盆《うらぼん》行事となり、さらに風の盆になっていったという説がある。

またいっぽうで、「風鎮め」にかかわる祭りだという説もある。八尾は地形的に強い風が吹き、なかでも南からの局地風は、農業の妨げとなり、害をもたらすものだった。このため富山の山間部では、風の神を祀り、風除けを祈願する神社や祠が数多く建てられた。城端町《じょうはなまち》是安《これやす》の級長《しな》戸辺神社の「不吹堂（ふかん）」では、秋の収穫前の風害を防ぎ、豊作を祈願する祭りがおこなわれているほか、旧東砺波郡（となみ）、旧婦負郡（ねい）、旧上新川郡などのフェーン現象の多い地域に風神祭が分布している。

「風の盆」が踊られる新暦九月一日は、もともと旧暦の八月朔日《ついたち》に由来する日程でこの時期が台風のシーズンと重なるため、農業の暦では旧暦八月朔日の時期には「八朔《はっさく》」、「二百十日」など特別な名前が与えられ、風の厄日とされていた。さらにこのころは、北陸一帯特有のフェーン現象がおこる時季でもあった。八朔における風鎮めの祭りは、町内大長谷の不吹堂などでおこなわれ、蓑をつけた人たちの道練りが見られたという。

*

八尾の養蚕業、製糸業が「風の盆」を育てたという見方もある。

この町で養蚕業がはじまったのは、八尾町建て（一六三六年）以前の戦国時代末期の永禄年間（一五五八〜一五七〇年）、城生《じょうのう》城主の斎藤信利が、領内に養蚕と桑業を奨励。その後、城下にとどまらず付近の村落にまでおよんで、八尾は蚕業の中心地となっていった。さらに八尾で元禄年間（一六八八〜一七〇四年）に蚕種の製造業がはじめられ、町民あげて良い蚕種を生産することに努力し、この地域の蚕糸業の隆盛を迎えた。江戸末期から明治にかけての八尾は、富山藩唯一の生糸交易市場であり、質の良い繭で名を馳せた。

蚕糸業は、「風」との結びつきが強い。蚕を育てる蚕室を快適な環境に保つため、蚕室を風通しのよい状態にする必要があった。また養蚕を妨げる桑の害虫を、強風が吹き飛ばしてくれた。風は、稲作農業にとっては困りものであったとしても、養蚕業にとってはなくてはならないものだった。いっぽうフェーン現象がもたらす高温は、蚕の成長を妨げるものだった。また養蚕地域では、夏蚕の繁忙期がお盆と重なるため、お盆の時期を前後にずらすことは各地でみられた。風の盆もこうした理由で、「八朔にずらされた盆」ではないかと考えるむきもある。

明治から大正にかけて、多くの女性が、八尾から長野県岡谷の製糸工場に働きにいった。彼女たちは岡谷にいたるまでの宿屋に着くとおわら節を踊り、諏訪湖畔にも広めた。しばらく前までは、岡谷の盆踊りでもおわら節が踊られ、人気があったという。

越中八尾の蚕神

八尾町市街地の西のはずれ、城ヶ山の山裾にある「若宮八幡社」は「蚕養宮」とも呼ばれる。このあたりは八尾の町から野積谷へ越す桐山峠の麓で、飛騨地域への物資を運ぶ要衝でもあった。祭神は保食神《うけもち》、毎年春季八十八夜を例祭日としてきた（現在は五月三日）。

天明元年（一七八一）に山屋善右衛門が陸奥国より病気に強い原蚕種を仕入れるとともに、少名彦名命《すくなびこな》の神霊を勧請して仮神殿に安置。文政四年（一八二一）には本神殿が、八尾の有力な蚕種家兼生糸家であった紺屋治郎左衛門ら十数名の願主によって新築され遷座式がおこなわれた。明治十一年（一八七八）には、下新町の上皇太子社内に鎮座していた若宮八幡社の祭神、誉田別尊《ほむたわけ》を合祀した。

手水舎の鉢の形は繭をかたどり、蚕の口から水が出るようになっている。また本殿内に吊るされた灯明には、蚕蛾、桑、糸巻きの文様があしらわれている。

八尾の市街地の西方、室牧川沿いの室牧地区にも小さな「蚕の宮」がある。円形の石塔のなかには素朴な蚕神像が祀られ、かつては八十八夜に祠の前で、豊蚕祈願の宴がおこなわれたという。

＊

八尾駅から高山本線の高山寄り二駅目の笹津駅近くにも、機神や蚕神が祀られている。

富山県富山市舟倉にある「姉倉比売《あねくらひめ》神社」は寺家公園のなかにある。このあたりは御前山の北西麓にあり、神通川にも近く、富山から岐阜へ抜ける交通の要衝で、古代から開けていたところだという。紀元前三〇年ころには、姉倉比売が一帯を統治し、農耕と機織を住民に広めた。

上:「若宮八幡社」の手水鉢(富山県富山市)
下:室牧の「蚕の宮」(富山県富山市)

それ以来この神社は、機織の神として祀られてきたとされる。

元旦祭には隣接する帝龍寺の住職が、神社の拝殿で神楽太鼓をたたいて祈願をおこなうなど、神仏混淆のなごりを色濃くとどめる、帝龍寺本尊の虚空蔵菩薩《こくうぞうぼさつ》は、姉倉比売神社の本地仏として京都嵯峨野から迎えいれられたもので、三十三年に一度、本堂から神社の拝殿に遷して開帳されるという。なお同名の姉倉比売神社は富山市呉羽町にもある。

笹津駅の南東、直坂《すぐさか》の坂道をあがりきったところに「蚕神」の石像が、木の祠のなかに祀られている。桑祭りの神体とされ、桑の木をかついだ女神の下には、繭が彫られている。また神像の頭部は、蚕の頭に似せてつくられているともいう。この村ではあまりに美しい蚕神を信仰したために、美人が少なかったといういい伝えもある。

蚕神を祀る祠から北に向かうと「不吹堂」こと「級長戸辺《しなとべ》神社」がある。このあたりは舟倉野といい、小佐波御前山《おざなみごぜんやま》の麓で、夏から秋口にかけて吹き下ろす強風が、風下の村々に被害をもたらしてきた。とくに明治二十年(一八八七)ごろは三年続きの暴風で被害がはなはだしかった。そこで明治二十三年に、風害を収める五穀豊穣、天下泰平の神様があると聞き、是安の級長戸辺神社から分霊してここに祀った。

上：直坂の「蚕神」石像（富山県富山市）
下：大沢野の「級長戸辺神社（不吹堂）」（富山県富山市）

2 だるまや天狗

蚕がよく起きる

北関東から甲州、信州では豊蚕祈願のため、張り子のだるまを縁起物にしてきた。

養蚕農家がだるまの「七転び八起き」にあやかり、蚕の「起き」(蚕が脱皮する際、動かなくなった蚕が目覚めて動きだすこと)がよくなるようにと、神棚にまつった張り子のだるまに願いを込めて、片目に墨を入れた。そうして良い繭ができると、もう片方の目にも墨を入れ、「大当たり」と喜んで、祝った。こうした「だるま習俗」はその後、養蚕農家以外にも広まり、さまざまな願かけがおこなわれるようになっていった。

正月六日と七日に、盛大な「だるま市」がおこなわれる群馬県高崎市の「少林山達磨寺」は、縁起だるまの発祥地とされる。眉は鶴、髭は亀を表わす「高崎だるま」は、全国一の生産量を誇っている。

この寺は、元禄十年（一六九七）に厩橋城《まやばし》（前橋城）主の酒井雅楽頭忠挙《うたのかみただたか》が水戸光圀に願って、中国僧の心越禅師を迎え、開かれたという。天明の飢饉ののち、九代東嶽和尚は農民救済のため、心越の描いた達磨大師の図を手本に木型をこしらえ、農家の副業に張り子だるまをつくらせた。これを正月の「七草大祭」で売らせたところ、大評判となり、「縁起だるまの少林山」といわれるほどさかんになった。一筆だるまにもとづく「坐禅だるま」が、繭の形に似た「繭型だるま」になり、農家に広まった。蚕が当たり、農家も商人も繁盛するにつれ、形が丸くて起きあがりやすい、現在の「縁起だるま」の形となった。

『日本美の再発見』で合掌造り民家に光をあてたブルーノ・タウトは、昭和九年（一九三四）八月一日から十一年の秋まで、群馬県工業試験場高崎分場に着任し、達磨寺境内にいまも残る「洗心亭」という建物に住んでいた。昭和十年の日記には、七草大祭のだるま市の喧騒が綴られている。

東京都昭島市の「拝島大師」こと「本覚院」のだるま市は、年明け早々の正月二日と三日におこなわれ、数十軒を数える露店がならぶ大きな市である。本尊に、延暦寺中興の祖である良源（元三《がんざん》大師、慈恵《じえ》大師）を祀り、良源入滅の正月三日（元三）に祭りがおこなわれてきた。江戸時代には日の出を合図に参詣がはじまり、裸で参詣する若者が参道を駆け足でお参りする奇習がさかんだった。幕末には前日の二日に参詣することになり、だるま市も立つようになった。

この市で売られるだるまは「多摩だるま」と呼ばれ、かつては周辺の十数村でつくられたが、現在は昭島市周辺の立川市砂川、あきるの市小川、瑞穂町殿谷戸、青梅市など七、八家で制作されているという。

＊

「松本だるま」はふさふさとした眉と髭が、繭の形をかたどり、「大當」の金文字は、蚕の「当たり年になるように」と願いがこめられてきた。かつては養蚕農家の人気を集めたが、養蚕業の衰退とともに需要も低くなった。現在は、安曇野市豊科にある「玄蕃《げんば》稲荷神社」の初午祭のだるま市などで売られている。

天狗面の倍返し

だるまと同じ赤い色をした天狗の面も、上州では豊蚕信仰の縁起物である。

天狗の寺として知られる「迦葉山《かしょうざん》弥勒寺《みろくじ》（正式名称は迦葉山龍華院弥勒護国禅寺）」は、沼

上:拝島大師のだるま市(東京都昭島市)
下:迦葉山弥勒寺の「お借り面」(群馬県沼田市)

田市の市街地から北方約十六キロの山間にある。この寺の由緒は嘉祥元年（八四八）年に桓武天皇の皇子葛原親王の発願で、慈覚大師が開創したという。

「迦葉山参り」は、養蚕や商売繁盛にご利益があるとされ、最初の年に「中峰尊（お天狗様）」を祀る中峰堂から天狗面を借りて、蚕室や神棚近くに飾り、祈願が成就すると、借りた面とともに門前の店で買った新しい面を添えて、寺に納める。そしてまた別の面を借りて帰るという習俗である。

中峰堂には、面長五メートルから六メートルの巨大な天狗面二面が奉納されている。また願いでれば豊蚕祈願の護符を授かることができる。

繭玉飾りと火祭り

小正月につくる「繭玉」も、繭の豊産を祈るものだった。

桑や柿、あるいは柳やミズキの枝に餅や団子をいくつもつけたもので、「メーダマ」「繭餅」「繭玉団子」「繭団子」ともいい「餅花」の一種とされる。餅、団子は上新粉（米粉）をこね、蚕の白い繭の形に、あるいは真ん丸にまるめて蒸したもので、これを神棚や大黒柱などに飾り、作物の豊かな稔りを祈念した。小正月の一月十四日から十六日頃に飾る地域が多く、なかには二月の初午を「蚕玉祭り」として、繭玉団子をつくって「蚕玉さま」を祀るところもある。

繭玉を火祭りの火であぶって食べる風習がある。小正月の火祭りは全国的に行われ、「どんど焼き」「どんと焼き」「左義長《さぎちょう》」「三九郎《さんくろう》」などと呼ばれるこの夜、飾っておいた繭玉を、こどもたちが持ちだし、火の勢いが弱まると、熾き火の上であぶる。最近では竹の先に針金をくくりつけ、そこに団子を刺すようすが各地で見られる。

繭玉団子をあぶって食べるとその年は「病気にかからない」「虫歯にならない」「書初めを燃やして高く舞い上がると書の腕前が上がる」などという。またこうした火祭りでは、正月飾りや縁起物のお札、だるまなどを飾りつけて燃やす。

＊

一章で「写真印刷掛軸」を紹介した埼玉県狭山市の西部、上広瀬にある「広瀬浅間神社」は、万延元年（一八六〇）ごろに創建された。河岸段丘を利用して造られた富士塚を境内とし、一合目から九合目までの丁石をはじめ、富士講の行者の姿を線刻した石碑などが立ち並ぶ。八月二十一日におこなわれるこの神社の火祭りは、明治初期に山梨県富士吉田の北口本宮冨士浅間神社の「鎮火祭」を模してはじめられたものだという。

祭りで燃やされる護摩木《ごまき》は桑の枝を丸く束ね、荒縄で縛ったものである。養蚕がさかんだったころは地域の桑を使っていたが、近年は北関東から取り寄せているのだという。護摩木は大と小二つつくられ、大きいほうは神社の右隣にある庚申堂の脇に、小さいほうは二合目近くの養蚕神社の前に立てられる。燃えた護摩木の灰は火難除けや、また桑でできているところから、繭の豊作にもご利益があるとされている。

3 鼠の天敵

蛇と百足

蚕の成育は温度や湿度にも左右されたが、なによりの天敵は鼠だった。蚕室や屋根裏に鼠に入りこまれた農家は悲惨だった。せっかく育てた蚕や繭を鼠に食いあらされて、その季節の養蚕による収入がなくなってしまうのである。農家では鼠の害から蚕をまもるため、鼠がいやがるほかの動物にすがった。いちばんは猫であり、ほかには蛇や百足《むかで》をたよった。

群馬県安中市鷺宮《さぎのみや》の「咲前《さきさき》神社」は、上州一宮貫前《ぬきさき》神社の前身とされ、祭神には健経津主命《たけふつぬし》、大己貴命《おおなむち》、保食命を祀る。JR安中駅の南西約五キロ、平安時代後期に成立したといわれる『上野国神名帳』には、「碓氷郡　従五位上咲前明神」と名がみえる古社である。

咲前神社には白い蛇がいて、それは「蚕の神様」だといわれてきた。養蚕がはじまる前にこ

咲前神社の「長虫様」の護符（群馬県安中市）

の神社に参り、「白い蛇をお貸しください」と祈願して家に帰ると、梁や棟に白い蛇が這いまわり、鼠を退治してくれた。養蚕が無事に終わると、赤飯を持って「蛇をお返しします」とお礼参りをした。こういうことからいまでも神社では、「一筆書きのヘビの絵」（長虫様）を授けている。

社殿の左右には「根子石《ねこ》」があり、小石をのせて願掛けすると、豊蚕になるといわれている。境内社に絹笠明神を祀る「絹笠神社」がある。豊蚕祈願の絵馬がいくつも掛けられているとおり、この小社も豊蚕信仰を担ってきた。群馬県で最初の組合製糸「碓氷社」の一角にも、この神社の祭神を分霊した絹笠神社がある。

蚕神としての蛇については、その姿が蛇体とされる諏訪明神や金毘羅権現を、鼠封じに信仰しているところもある。

＊

宮城県角田《かくだ》市の北端、阿武隈川の東岸の東根地区鳩原にある「福應寺」の毘沙門堂には、百足《むかで》を描いた絵馬が豊蚕を願って奉納されてきた。江戸時代の中頃から奉納されはじめ、毘沙門堂の前の長床《ながとこ》に山積みになっていた絵馬の数は、二万三千四百七十七枚にもおよぶ。

毘沙門堂は正徳四年（一七一四）の造営で、堂内には毘沙門天立像、吉祥天立像、善膩師《ぜんにし》童子立像が安置されている。百足はそもそも毘沙門天の使いとされ、福應寺の裏の岩山には多数

「福應寺毘沙門堂奉納養蚕信仰絵馬」(写真＝角田市教育委員会)

いたともいう。鳥居をくぐろうとする二匹の百足や、阿武隈川を渡って参詣する百足など、絵柄はさまざまでおもしろい。

猫絵の効能

新潟県長岡市森上にある「南部神社」、別名「猫又権現」も鼠除けの神様として信仰されてきた。この神社がある栃尾は養蚕業とともに、古くから「栃尾紬」などの絹織物の産地として発展してきた。境内には狛犬ならぬ狛猫がある。毎年五月八日におこなわれる万灯供養「百八灯」の日に護符をいただくことができる。

新潟県南魚沼市の「八海山尊神社」は、霊峰八海山の大崎口里宮として開かれた。この神社では通年で、猫の護符を授けている。八海山麓もかつては養蚕がさかんだった。また、越後上布の技術を絹織物にとり入れた「塩沢紬」や、撚糸を用いたしぼのある「本塩沢（塩沢お召《めし》）」などの絹織物も発達した。

また山間の地形と気候を活かした養蚕で栄えてきた秩父地方では、埼玉県小川町腰越の「笠山神社」、皆野町の「大日神社」で、それぞれ例祭の日に猫の護符を授かることができる。笠

八海山尊神社の「鼠除」護符（新潟県南魚沼市）

猫淵神社の猫絵馬（岩手県陸前高田市）

山神社は五穀守護の神であるともに、虫害消除、養蚕倍盛の霊験があるとして信仰を集めてきた。なお埼玉県秩父市の「三峯《みつみね》神社」、東京都青梅市の「武蔵《むさし》御嶽《みたけ》神社」の授与品である狼の護符も、鼠除けのご利益があるとされた。

岩手県の気仙郡住田町と、同じく陸前高田市矢作《やはぎ》には、猫を描いた鼠除け絵馬が奉納されてきた二つの猫淵神社がある。住田町の猫淵神社は、合地沢《がっちざわ》金山が隆盛だった時代に掘り子たちが建立したとも、この地の草分けである菊池家が愛猫の死を弔うために建てたともいわれる。かつて講中が組織されるほど信仰を集めたが、現在は参拝する人も少なくひっそりとしている。陸前高田の猫淵神社は日月神社の脇社

新田徳純画「紙本墨画　猫図」太田市教育委員会蔵

で、「猫淵兵主《ひょうず》大神」を祀ったものだという。小さな祠のなかには多数の絵馬とともに猫の木像なども祀られている。また福島県川俣町にも同様の習俗をもつ「猫稲荷神社」がある。

＊

上野国新田郡（現在の群馬県太田市、旧新田郡新田町など）を拠点とする新田岩松《にったいわまつ》氏の歴代当主が、四代にわたって描いた猫絵は、鼠除けの効果があると評判を呼び、蚕室や床の間に飾って信仰された。

新田岩松氏は、群馬県新田郡下田嶋村（現・群馬県太田市）のわずか百二十石の弱小大名だったが徳川家康と同じ新田家の血筋を引くという家柄が災いし、大名格の行列で参勤交代を課されるなどして、困窮していた。新田岩松氏の十八代から二十一代までの当主、温純《あつずみ》、徳純《よしずみ》、道純《みちずみ》、俊純《としずみ》の四代、百五十年以上に渡り、猫絵を描いてきた。当主の肉筆画は、一族にとってだいじな収入源だったのである。

この「新田猫絵」は、「蚕を食い荒らす鼠の害は新田義貞一族の怨霊によるもの」という俗信から、上州、下野、信濃の養蚕農家で、護符として人気を集めたともいわれる。飄逸味をたたえた猫絵は、肉筆では足りないほど人気を呼び、他の絵師による肉筆や刷り物まで出回るようになった。横浜開港以降、蚕種がヨーロッパに向けて輸出されるようになると、船内で蚕種が鼠に食べられないようにと、蚕種紙を入れた箱に、新田猫絵が貼付された。最後の当主である俊純は明治維新で男爵になったため、ヨーロッパではこの猫絵のことを「バロン・キャット」と呼んで喜んだ。

猫石神を祀る社

神社の参道や拝殿の前には狛犬のほかに、狐や狼、兎といった、祭神や由緒にゆかりの深い動物の石像が建てられることがあった。京都府北部、京丹後市峰山の金比羅《こんぴら》神社の境内社である「木島神社《このしま》」は、江戸時代末期に奉納された「狛猫《こまねこ》」に守られている。

木島神社は、文政十三年（一八三〇）に、地元の縮緬織業者が京都太秦の「木嶋坐天照御魂《このしまにますあまてるみたま》神社」から神霊を勧請。当時の峰山は、縮緬問屋や糸屋が軒を連ね、関西方面から来る織物業者で賑わった。また周囲の村々では養蚕と機織がさかんだった。狛猫の台座には奉納者の名前が彫られている。向かって左側の阿形は「奉献　江州外村氏　石工　鱒留村　長谷川松助　世話人　上河金七　吉田八郎助　小室利七　天保三載九月」、向かって右側の吽形は「奉献　当所絲屋中　弘化参午青祀」で、前者は一八三二年、後者は一八四六年に奉納されたことになる。阿形の狛犬を奉献した「江州外村氏」は近江商人として知られる一族で、作家の外村繁《とのむらしげる》もその末裔だった。

外村家は近江国神埼郡金堂（現在の滋賀県東近江市五個荘金堂町）の農家だったが、五代目与左衛門照敬が、元禄十三年（一七〇〇）に尾張名古屋を拠点に麻布の行商「布屋」を創業。その後、代を重ねて京都、大阪、江戸に店舗を構える豪商となった。現在も京都に本社を置く「外与《とのよ》株式会社」としてファッション事業を展開している。木島神社に狛猫を奉納したのは、天保三年の年記銘から、外与の中興の祖といわれる九代目与左衛門ではなかったかと思われる。

与左衛門一族の外村宇兵衛家は、四代目の妹みわに婿養子吉太郎を迎えて分家し、外村繁家

上：金刀比羅神社の境内社・木島神社（京都府京丹後市）
下：木島神社の狛猫（阿形）

がはじまる。吉太郎は明治四十年（一九〇七）に独立し、東京日本橋と高田馬場に呉服木綿問屋「外村商店」を開業した。この吉太郎の三男として明治三十五年（一九〇二）に生まれたのが外村繁（本名茂）である。繁は東京大学経済学部卒業後、文学の道を志していたが、父の急逝により、外村商店の跡継ぎになった。五年間、経営に従事したのち、創作活動を再開。「鵜の物語」を筆頭とするて〝商店もの〟で文壇での地位を確立したあと、自らの一族をモデルに、三部作『草筏』『筏』『花筏』を書きあげた。水野忠邦による天保の改革を時代背景とした『筏』（一九五六年）には、主人公の与右衛門が、安中から高崎、伊勢崎、桐生、足利を経て、結城の機屋を訪れる場面がある。

　工場の中には、二十台ばかりの織機が動いていた。襷を掛け、前掛を締めた、機上の女が紐を引くと、梭《ひ》は固い音を立てて経糸の中を走り、女が足を踏み交すごとに、筬《おさ》は、絹糸の摺れあう音を立てた。二十数台の織機の立てる騒音は場内を圧し、紐を引く女の手には力が入った。
　与右衛門の姿を見ると、機上の女達は目礼した。与右衛門は満足して一々頷き返した。仕掛台には、錘《おもり》から糸巻へ、糸巻から太鼓へと経糸が巻きつけられ、太鼓を緩く回すと、数列に並んだ錘と経糸が速い速度で回転した。

「ほほう」

窓から差し入っている秋の日光の中を、谷川の流れるように絹糸が動いて行くのを見上げながら、与右衛門は思わず感嘆の声を発した。

これは小説のなかのシーンだが、おそらく与右衛門のような人物が、機織業の隆盛を祈って、狛猫を祀ったのであろう。

＊

長野県の二つの「山」には、近世末期から近代初頭にかけて土俗信仰にもとづく特異な石像群があり、そのなかには、猫神の姿をみとめることができる。

小県《ちいさがた》郡青木村と東筑摩郡筑北村の境、修那羅《しょなら》峠の「安宮神社《やすみや》」には、八百体あまりの石神があり、そのなかに二体の猫神像がある。安宮神社は幕末に、修那羅大天武という修験者が社殿を建立するとともに、多数の末社を勧請。大天武の信者たちが石神、石仏を神社の境内から裏山に奉納していったという。鬼神像をはさんでたつ二体の猫神像の近くには「養蚕祈願」と刻まれた石碑が立ち、この猫神が豊蚕信仰によるものだとわかる。

千曲市八幡、大雲寺の裏山は「霊諍山《れいじょうざん》」と呼ばれ、百体以上の石神像がある。この神像群も霊諍山を開いた北川原権兵衛という行者の信者たちが、明治時代の半ばころから寄進して

上：修那羅山安宮神社の猫神（長野県東筑摩郡筑北村）
下：霊諍山の猫神（長野県千曲市）

いったものだという。この山でも二体の猫神が中心に祀られ、当時の人びとにとって豊蚕祈願が切実なものだったこと伝えている。

霊諍山の北麓には善光寺街道の「桑原宿」がある。明治時代以降、生糸・絹織物の一大商業地となった稲荷山の影響で養蚕がさかんにおこなわれ、いまでも名残りの民家を目にすることができる。雷避けの呪文として使われる「くわばら、くわばら」は、この地の伝説に由来するという説がある。霊諍山の脇社のかたわらには「蠶」の文字を記した屋根瓦が置かれていた。由緒では詳らかにしないが、この山は間違いなく養蚕信仰の霊山であったろう。

四　東京の絹の道

1 「絹の道」の歴史

「浜街道」の一部

東京都八王子市鑓水《やりみず》の大塚山公園に一本の石碑が立つ。

石碑の正面には「絹の道」、右面には「鑓水商人記念」、左面には「日本蚕糸業史跡」、碑陰には「一九五七年四月　東京　多摩有志」という文字が刻まれ、台石には桑の葉と糸枠と繭の文様があしらわれている。生糸を運んだこの道を「絹の道」と名づけ、昭和三十二年（一九五七）にこの石碑を建立したのは橋本義夫という人物だった。

橋本は明治三十五年（一九〇二）南多摩郡川口村楢原生まれ。「文章は一部の特権階級のものではなく、万人のものであるべきだ」と主張する「ふだん記」運動の指導者で、郷土の無名の人物を発掘し、石碑を建てて顕彰するという運動をおこなっていた。「絹の道」碑も、こうした橋本の活動のひとつだった。現在、この石碑から鑓水の南部を流れる大栗川の御殿橋まで、約一・五キロが八王子市の史跡に指定され、そのなかでも昔の面影をよく残す未舗装部分は文化庁選定の「歴史の道百選」にも選ばれている。

「絹の道」を含んだ八王子から横浜までを結ぶ道は、かつては「神奈川往還」あるいは「浜街道」「横浜道」「浜道」などと呼ばれていた。現在では歴史的に「浜街道」を用いる人が多い。安政六年（一八五九）に横浜が開港し、鉄道が発達する明治時代の半ばごろまで、輸出用の生糸が運ばれたルートのひとつだった。

八王子の近郊はもちろんのこと、長野、山梨、群馬などで生産された生糸は八王子に集められ、この道を通って横浜に運ばれていった。その生糸取引で短期間に巨額の富を得たのが、のちほど紹介する「鑓水商人」である。

横浜に入ってくる生糸のなかでは、現在の群馬県を中心とする地域のものが最も多かった。その輸送経路は、利根川をおもに利用して、関宿（現在の千葉県野田市）で江戸川に入り、江戸を経由し、海路で横浜に入ってくるというものだった。福島県からは陸路で江戸に運ばれたが、なかには途中で利根川に入る生糸もあった。

もうひとつが、八王子を経由するこの「絹の道」で、多摩地方の生糸も含め、八王子に集荷された生糸が横浜に向かった。「絹の道」は八王子の生糸商人が利用しただけではなかった。

生糸産地である甲州、信州、上州の生糸も、八王子まで運ばれたあと、江戸や東京を経由せずに、裏道であり近道でもあるこの道を通ったのである。

それではこれから八王子とその周辺の四つの地域を歩いてみたいと思う。ここには養蚕、製糸、織物にかんする歴史と民俗の縮図があるからである。

2 鑓水

外国人の往来

日本は諸外国との条約で、外国人による国内の自由旅行は許可していなかった。しかし、遊歩区域内であれば、旅券なしで旅行することができた。そこで横浜の居留地から、外国人たちは、遊歩が許されている地域の北限である八王子まで、馬に乗って遊びにでかけた。「横浜滞在中、あちらこちらに遠出をしたが、とくに興味深かったものに、絹の生産地である大きな手工芸の町八王子へイギリス人六人と連れ立って行った旅がある」。これを書いたのは、トロイア遺跡を発掘したことで知られる、ドイツの考古学者ハインリッヒ・シュリーマンである。シュリーマンはこの旅で訪れたある村のようすを描く。

われわれは街道をギャロップで進みつづけ、ほどなく養蚕地帯に入った。どの畑も、イタリア同様、桑の並木によって区切られている。枝は一・五メートルないし二・五メートル以上に伸びないように切られている。桑は五、六年経つと根こそぎ抜かれ、若い苗木に植え替えられる。というのは、ここでもシナやインドと同様、蚕の飼料として桑の若木の葉が適していると確信しているからである。われわれの通った村々はどの家にも小さな蚕室があった。畑はどこかしこも巧みに耕されている。豊かな雨とたくさんの小川のおかげで農作業は容易だ。家畜がいないのでその肥料を使うことができないから、畑を肥沃《ひよく》にするには、引き抜き刈り取ったあと腐るにまかせた雑草と、町中でていねいに集められた液状の人糞が使われる。

（シュリーマン『シュリーマン旅行記　清国・日本』）

シュリーマンが日本に滞在したのは、慶応元年（一八六五）の六月一日から七月四日まで、この短い期間のうち、六月十八日から二十日が八王子への旅だった。

イギリスの写真家フェリーチェ・ベアトも八王子に立ち寄り、鑓水の集落を撮影して、写真に説明を加えている。

フェリーチェ・ベアト「八王子へ向かう道」横浜開港資料館蔵

養蚕と製糸の生産工程に興味のある人なら、八王子かその近くの農家を訪問することほど楽しいことはない。

初めて訪れる人は、生糸の巻き取りに使用される器具が大変原始的なのを見て、また、蚕の生命を維持する桑の木がいとも無造作に、生けがきのように植えられているのに目を留めて驚く。それに、生糸を繭から糸巻に巻き取るなどの大抵の労働が、女と子供の仕事とされている事実にも驚く。(彼らはみな概して、絹製品生産用と同様に綿製品生産用の糸繰り車や梭《ひ》などを器用に操っているように見える。)

ベアトが鑓水を訪れたのはシュリーマンの少しあと、明治元年(一八六八)から翌二年のことだとされる。ベアトの写真には小川に沿った土の道を歩く人びと、水車小屋と石碑、茅葺き屋根の建物が写っている。

鑓水は八王子市の東南部、由木《ゆぎ》地区の西端に位置する。昭和三十九(一九六四)に由木村が八王子市に合併されたことにより、同村内の旧大字鑓水が八王子市鑓水となった。大栗川の源流部にあたり、多くの支流が丘陵地を浸して「谷戸《やと》」を形づくる。町の南半分は多摩ニュータウンの一部となり、南西端には多摩美術大学がある。

道了堂

それではこれから、シュリーマンやベアトが歩き、絹商人たちが道を急いだ鑓水の、百数十年後の風景を歩いてみることにしよう。

ＪＲ横浜線の片倉駅を南口に出て、南の方角へ足を進める。兵衛《ひようえ》川を釜貫《かまぬき》橋で渡ると、文安二年（一四四五）建立の「慈眼《じげん》寺」がある。またしばらく行った釜貫谷戸には「白山神社」の小さな祠が立つ。谷戸の道はゆるやかな上り坂となり、住宅街のなかを行く。この付近の団地は、東急不動産が昭和四十五年（一九七〇）に造成を開始し、七三年に入居が始まった片倉台団地である。道なりに歩みを進めると、ドームで覆われた八王子バイパスを越えることになる。越えるとすぐ左折し、バイパスの側道を少し行くと、左側が山になる。鉄塔の手前に山へ登る急な階段がある。この山が「大塚山」である。

階段を上りきったところが鑓水峠で、後ろを振り向くと、片倉方面を眼下に、奥多摩の山並みを見渡すことができる。『新編武蔵国風土記稿』の「片倉村」の項には、「村内に相州へ通ずる一條の往来あり、南の方上相原村より北の方杉山峠を越えて、相州橋本村に達す、道幅二間

八王子市地図

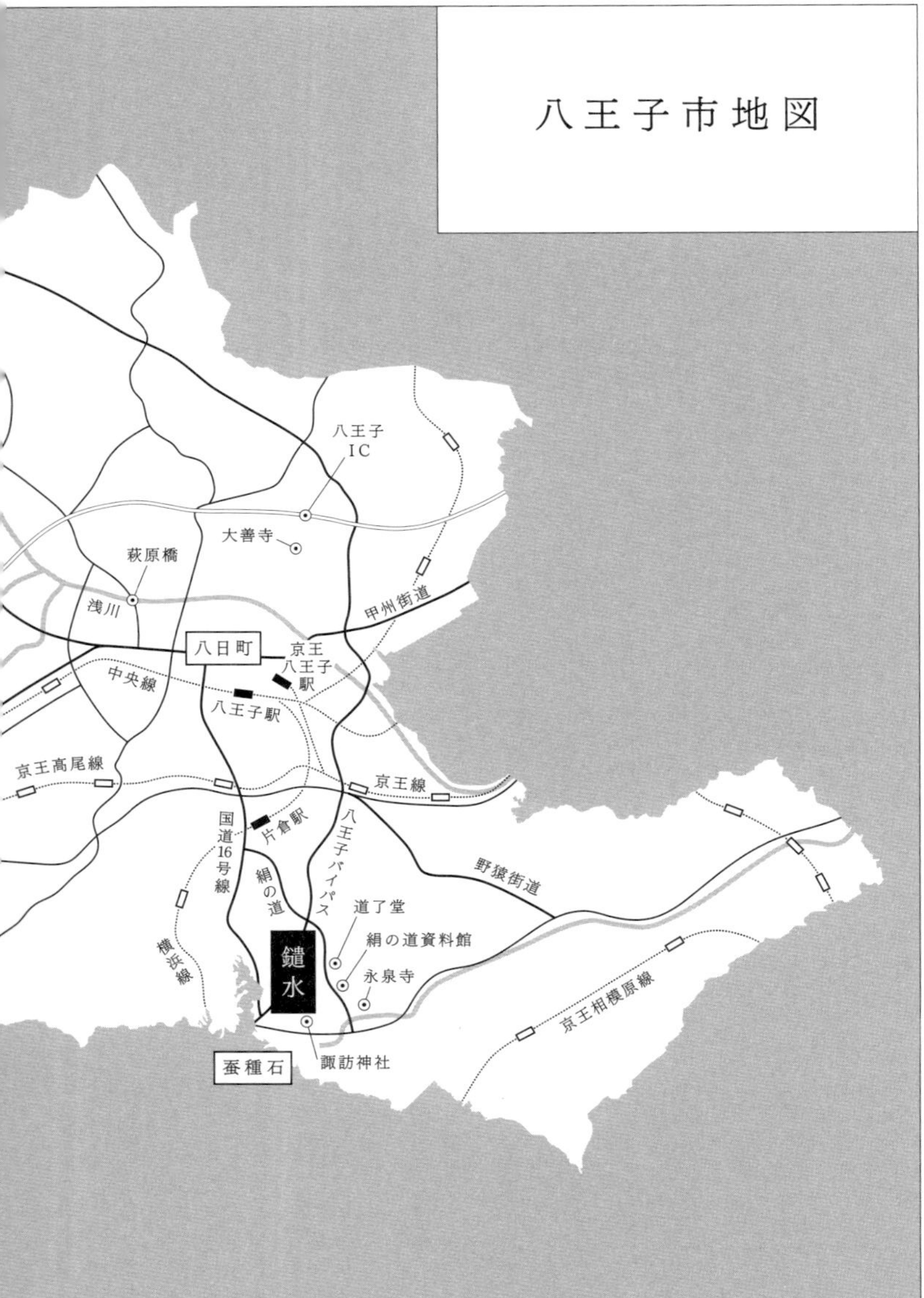
八王子
IC
大善寺
萩原橋
浅川
甲州街道
八日町
京王
八王子
駅
中央線
八王子駅
京王高尾線
京王線
国道
16
号線
片倉駅
八王子バイパス
野猿街道
絹の道
道了堂
絹の道資料館
永泉寺
横浜線
鑓
水
諏訪神社
蚕種石
京王相模原線

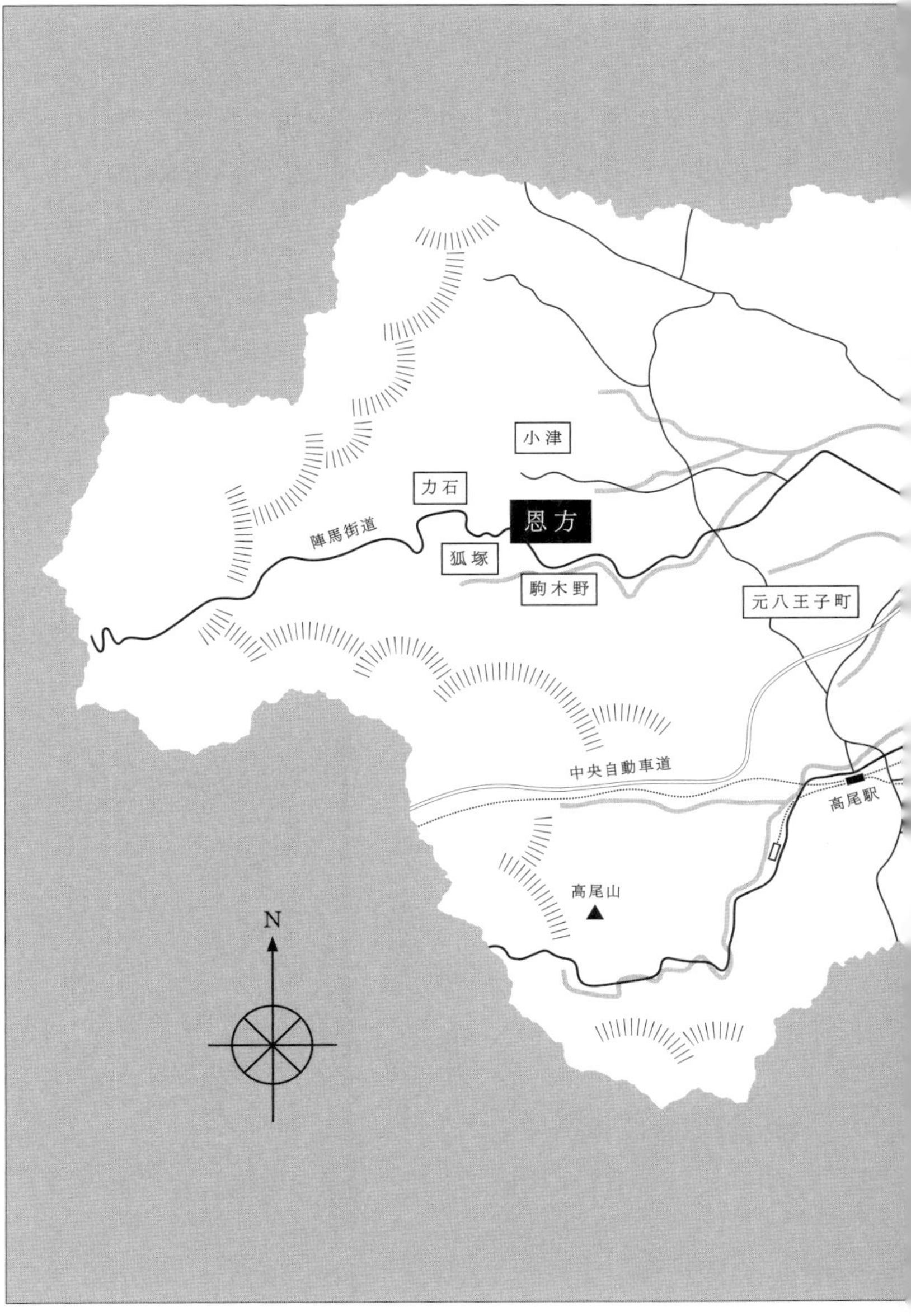
小津
力石
陣馬街道
恩方
狐塚
駒木野
元八王子町
中央自動車道
高尾駅
高尾山
N

より三間に至る、また鎌倉古道という一條あり、これは鑓水峠をこえて小山村の方へ通ぜり、中ほどにては今の相州道を合せり」とある。小山村とは現在の東京都町田市小山町である。

峠の東側の大塚山は高さ二百十三・四メートル。山頂からは十二州を望むといわれる。平成二年（一九九〇）に大塚山公園として整備されるまで、ここには「道了堂《どうりょう》」と呼ばれる寺院があった。

道了堂は明治七年（一八七四）に浅草花川戸から、道了尊（道了大薩埵《だいさった》）を勧請し、創建された。道了尊は、小田原の大雄山最乗寺の守護神として祀られる妙覚道了で、天狗の姿をとる。道了堂の創建には、鑓水にある永泉寺の十七世住職渡辺大淳や、八木下要右衛門、大塚徳左衛門といった鑓水商人たちが尽力したといわれている。本堂のほか、子守堂、庫裡、書院などの諸堂が立ち、人びとの信仰を集めたようすは、明治二十六年に出版された石版画「武蔵国南多摩郡由木村鑓水大塚山道了堂境内之図」によく描きだされている。「境内は満開の桜だった。伽藍《がらん》が軒を並べるなかを着飾った参詣人が賑《にぎ》わしい。石段の脇から江戸風の丸髷《まるまげ》姿の商人の女房が人力車から降りかけている。ステッキを持った鹿鳴館《ろくめいかん》スタイルの紳士が、きどった面持であたりを睥睨《へいげい》している」。版画のなかの境内風景をこのように描写しているのは、昭和五十年に刊行された辺見じゅんの『呪われたシルク・ロード』である。

辺見じゅんは昭和十四年、角川書店の創業者で俳人、国文学者の角川源義《げんよし》の長女として、富

上:絹の道碑
下:道了堂跡

山県中新川郡水橋町（現在の富山市水橋町）に生まれる。早稲田大学文学部を卒業後、出版社勤務を経て、昭和三十九年に私小説『花冷え』を本名の清水真弓名義で刊行。昭和五十年の『呪われたシルク・ロード』から本格的な作家活動に入る。その後も『ふるさと幻視行』など、聞き書きを生かしたルポルタージュを次々と発表。代表作に新田次郎文学賞を受賞した『男たちの大和』（一九八三年）、講談社ノンフィクション賞と大宅壮一ノンフィクション賞を受賞した『収容所《ラーゲリ》から来た遺書』（一九八九年）などがある。平成十四年には幻戯《げんぎ》書房を設立。同二十三年九月、内定していた「高志《こし》の国文学館」の初代館長就任を前に急逝した。

『呪われたシルク・ロード』は昭和三十八年（一九六三）九月に道了堂の堂守であった老女が殺害されるという事件を発端に、鑓水商人の盛衰を描いた異色作である。しかし養蚕、機織の民俗への関心、八王子北部の恩方《おんがた》における聞き書きなどが、この地域の近代民衆の姿を浮かびあがらせる。また列島各地の村落共同体を取材した「村へ」で、昭和五十一年に第一回木村伊兵衛写真賞を受賞することになる、北井一夫の写真がルポルタージュの雰囲気を高めている。

大塚山公園へは「絹の道」碑の横から、石段を登っていくことになる。道了堂の跡地は基壇が残るだけだが、鑓水商人が寄進した石灯籠や石仏、石碑が盛時をかすかにしのばせるばかりである。

鑓水三叉路

絹の道碑を背にして山を下ると、コナラ、クヌギ、サクラといった落葉樹の林のなかの道をいくことになる。

大塚山の西方の山は、幕末のお台場建造の際に、第六台場の土台にするために、松の木の丸太五千本が伐り出された「御林《おはやし》」だった。嘉永六年（一八五三）六月、浦賀に達したペリー艦隊は、江戸幕府に黒船としておそれられ、幕府は再来航に備えて、江戸湾に十一基の御台場の築造をはじめた。これを指揮した伊豆国韮山の代官、江川太郎左衛門（諱《いみな》は英龍、号は坦庵）は鑓水の領主でもあった。丸太の伐採や運搬は鑓水の村民に課され、近隣の五十の村からも助郷人足が集められた。しかしペリー来航の翌年、幕府が日米和親条約を結んだことで、御台場の必要がなくなり、十一基のうち四基は建設が中止になった。

坂道を下りきると視界が開け、右後方からの舗装道と交じわる「鑓水三叉路」に出てくる。三叉路には五基の石塔、石碑が並ぶ。向かって右端の「供養」塔は西国、坂東、秩父、四国の霊場巡拝を記念したもの。その隣りの石灯籠は、正面に「秋葉《あきば》大権現」、右側面に「榛名《はるな》山大権現」と「金毘羅《こんぴら》大権現」、左側面に「鎮守御神前」と刻まれている。その隣りは「庚申塔」で、左端は「道路改修記念碑」である。

霊場供養碑のさらに右、電柱の横に小さな石柱が立つ。昭和天皇の即位を記念した「御大典記念」碑で、「此方鑓水停車場」の文字が刻まれている。この石碑は大正末期に由木村の大塚卯十郎らが、府中・関戸・由木（鑓水）・津久井を結ぶ鉄道路線を計画して会社を設立。南多摩郡と津久井郡の頭文字をとって名づけられた「南津《なんしん》電気鉄道」の数少ない遺産である。大正十五年（一九二六）十一月二十日、鉄道省から路線敷設許可が下り、工事に着手したものの、生糸の暴落で資金の調達が困難となり、工事は中止となった。「鑓水停車場」は、大栗川に架かる御殿橋のあたりに建設を予定され、その付近に建てられていたものであった。

絹の道資料館

鑓水三叉路の右手の谷戸は「巖耕地谷戸《がんごうじ》」といい鑓水集落の中心をなす。

鑓水には岩盤層があり、山の中腹を槍状の道具で突くと地下水が湧きでる。この水を、竹で導き瓶《かめ》などに貯えて、村人は飲料水にしてきた。この瓶から水を流れるようにしたものを「遣《や》り水」といい、地名の由来と考えられている。また「やり水」は山間から溢れでる激しい水流のことだともいう。『呪われたシルク・ロード』では鑓水の民俗が次のように説明されている。

田の神信仰と共に、村ではおしら神を祭ることも重要だった。土質が赤土に粘土を混じえた痩田であったことが、この地を養蚕地帯にしたともいえる。桑でも植えなければ生きていけなかったのだ。山地が多く耕地が僅少であった故に、田畑に依存して生計を立てるのは困難だった。そのため丈夫な茶や桑に力を注いだのである。
小正月、村のどの家でも、つげや梅の木に繭の形を象《かたど》った団子をさす。繭の豊かな収穫を祈っての行事である。正月の粥《かゆ》に餅《もち》を入れる慣習も、ねばる、糸をひくことから養蚕に依存する村人の生活に根ざしたものである。
家々は旧街道沿いや丘陵が低地に移る所にあり、多摩地方独特の入母屋《いりもや》造り、寄棟《よせむね》造りが多かったが、新建材の家々に押されて近年少なくなってきた。農業の斜陽と都市化の波がこの谷戸の集落をも徐々に侵蝕してきたからである。

幕末の天保十四年（一八四三）の幕府の調査によると、八王子周辺の三十四の村に四十七人の生糸商人がいて、そのうち十八人が鑓水村に集中していたという。鑓水生糸商人たちのなかで大きな権力と財力を持っていたのは、大塚家と八木下家であった。両家とも最初から生糸商を営んでいたわけではなく、養蚕農家でもあった。しかし彼らは、地域の有力農家という家柄を生かして、金貸しや日用品の販売業などにより大きな富を得ていった。その資金を元手に、生糸商へと変化していった。そして絹の需要が高まっていくとともに、鑓水にとどまらず、その財力は江戸の商人と肩を並べるまでになった。

鑓水三叉路を左に折れてすぐ左手に現われる重厚な石垣は、「石垣大尽」と呼ばれた八木下要右衛門家の屋敷跡で、現在は、平成二年（一九九〇）に開館した「絹の道資料館」になっている。入母屋風の屋根をもつ資料館の展示室には、絹の道の歴史、生糸や養蚕の生産技術にかんするパネル資料などを展示している。

八木下家は安永五年（一七七六）から年番名主をつとめ、質屋、糸商、酒造業を営む、鑓水きっての富農だった。全盛期は三代目敬重のころで、村内の諏訪神社には大塚徳左衛門と競って奉納した大きな石灯籠が残る。三代目要右衛門は嘉永四年（一八五一）、屋敷内に二階建てで、螺旋階段をもつ洋風の別館を建てた。この別館は、外国人の接待に使われたことから「異人館」と呼ばれ、イギリスの外交官アーネスト・サトウも宿泊した。八木下要右衛門家没落のあと由木村に移譲され、鑓水小学校の教員室や裁縫室や青年会館のクラブに使用されるなどしたあと、

上：鑓水三叉路
下：絹の道資料館

昭和五十年（一九七五）ころ解体された。

八木下要右衛門家と並ぶ鑓水商人には、大塚徳左衛門家、大塚五郎吉家、平本平兵衛家などがあった。

大塚徳左衛門家は、寛文五年（一六六五）から明治三年（一八七〇）まで代々名主をつとめた鑓水一の名家で、農業のほか質屋と糸商を兼ねていた。白壁をめぐらした屋敷内には七つの土蔵が立ち、「東の大尽」と呼ばれた。二代目直重は江戸の豪商と交流をもち、三井清蔵の娘を後妻に迎えた。平本平兵衛家の初代平兵衛は、大工の家に生まれたが三十歳のとき糸商人になり、わずか数年で財をなした。しかし、後継者に恵まれず、同じ糸商人の大塚五郎吉の弟を娘婿に迎え、二代目平兵衛を名のらせた。初代・二代ともに、江戸商人との取引もあり、繁盛したが、三代目に没落した。大塚五郎吉家についてはのちほど、その屋敷跡を訪ねたときに紹介する。

諏訪神社

絹の道資料館を出ると、前を通る「絹の道」ではなく、資料館を背にして谷戸を横切っていく。左手には水田、右手にはホタルのオブジェを目印にした、「蛍の里」再生プロジェクトの敷地がある。鑓水公会堂を過ぎて坂を下ると突きあたりになり、そこを右折。少しすると右手に、「諏訪神社」に登る石段がある。このあたりは「子《ね》の神谷戸《かみ》」という。

現在、諏訪神社がある場所にはもともと「子《ね》の権現」があった。そこに明治十年（一八七七）、日影谷戸にあった諏訪神社と、巖耕地谷戸にあった八幡神社を合祀し、いまの形になった。

諏訪神社の創立年代は明らかではないが、寛政十年（一七九八）に再興されたことが棟札によって知ることができる。再興世話人には大塚徳左衛門、八木下要右衛門などの村の有力者も加わり、この両家は競って、諏訪神社に多額の寄進をした。

拝殿はひとつで、拝殿の裏手にある覆屋《おおいや》のなかに三社の本殿がある。拝殿の左手には子の権現の旧本殿が、やはり覆屋に納められている。子の権現の旧本殿は江戸時代中頃、子の権現本殿は寛政四年（一七九二）、諏訪神社の本殿は寛政十年（一七九八）に建立。八幡神社の本殿は明治十九年（一八八六）の建造で、精緻な装飾がほどこされている。

子の権現は「蚕の神様」として近在の人びとから信仰を集めていた。戦前、子の神谷戸では、毎年四月の祭りから五月の節句のころまで、子の権現に順番でお札売りが二人ぐらいずつ詰めているほど、お参りにくる人が多かったという。

地元のひと小泉二三《にぞう》が橋本義夫が発行する「地方文化叢書」の一冊として刊行した『思い出の鑓水』には、この「谷戸の奥に風の神という地蔵と行人塚なるものあり」と記している。「風の神」をたずねていくと、そこには一基の馬頭観音石像がひっそりとたたずんでいた。

永泉寺

諏訪神社の石段下をそのまま真っ直ぐ戻ると右手に大栗川に架かる御殿橋、橋のたもとには石の道標が立つ。正面に「此方　八王子道」、右側面に「此方　はら町田　神奈川　ふじさわ」、左側面に「此方　はし本　津久井　大山」、裏面「慶応元年仲秋　建立」と刻まれている。この石標から大栗川に沿ってさらに進み、少ししたところをまた左に入っていくと永泉寺に着く。

上：諏訪神社の旧「子の権現社」
下：小泉家屋敷

「高雲山永泉寺」の本尊は釈迦如来。武相観音第十四番札所で、江戸中期には境内に観音堂があり御朱印十石を拝領した。現在の本堂は明治十七年（一八八四）鑓水豪商八木下要右衛門邸を移築したものである。境内には明治年間、鑓水学校の教師たちが中心となって俳句をさかんにおこなったことから、芭蕉堂や芭蕉などの句碑がある。永泉寺の墓地でひときわ目を引く墓石は、鑓水商人のものである。これらの多くは、丹沢の七沢石を用い、神奈川県愛甲郡煤ケ谷《すすがや》の石工が刻んだものである。

小泉家屋敷

永泉寺を出て大栗川に架かる嫁入橋を渡ると、柚木《ゆぎ》街道の「谷戸入口」交差点がある。そこを向かいに渡ると上り坂の右手に、入母屋造り茅葺きの建物が見える、明治十一年（一八七八）に建造された「小泉家屋敷」である。現在も住居として使用されているため一般には公開されていない。敷地内に立ち入らず道路から外観をみるだけにとどめたい。

資料によると小泉家の主屋は、木造平屋建て、田の字形間取りで、この地域の典型的な民家建築である。敷地内には主屋のほか納屋・堆肥小屋・稲荷社・胞衣塚《えな》などが点在する。

大塚五郎吉屋敷跡

小泉家屋敷を取りかこむように「鑓水板木《いたぎ》の杜《もり》緑地」という公園が広がる。「板木」という地名は、古絵図に記される「伊丹木」に由来し、アイヌ語の「きれいな清水が湧き出る所」という意味だともいう。この「伊丹木」が「板木」に変化したとみられる。

緑地内の尾根道は旧鎌倉街道で、浜街道とともに重要な街道であった。尾根を越えたところに「大塚五郎吉屋敷跡」がある。

大塚五郎吉は鑓水で最も有力な生糸商人だった。生糸を買い集めて販売するだけでは利益が少ないので、原料の繭を買い、それを農家に渡して生糸を挽かせ、挽き賃を払って生糸を引きとる方法を採用した。横浜が開港されると、五郎吉は翌年には生糸を横浜へ運んで販売した。八王子の生糸市場では、生糸の売り手から買い手に立場を変え、横浜に次々と生糸を送った。五郎吉は当時の百姓としては漢字や書画にも通じ、文化的教養を身につけた人物で多くの文書を残した。その反面、「狼の五郎吉」と呼ばれて、訴訟に明けくれた。五郎吉家に残る資料からは、横浜生糸商人に牛耳られて、この取引による利益はわずかだったとみられる。屋敷の跡地には栄華をしのぶものはなにも残されていない。

浜見場

小泉家屋敷の前の道を直進して坂を登り、穂成田《ぼなりだ》歩道橋を渡り、はなみずき歩道橋、浜街道歩道橋をくぐっていくと、小山内裏《おやまだいり》公園に着く。ここには浜街道を急ぐ人びとが横浜を望み見た「浜見場」がある（現在、立ち入り不可）。この公園内の「尾根緑道」は、第二次世界大戦のときに、相模原陸軍造兵廠が造った戦車のテストや操縦訓練用の道路だった。

＊

近年の研究では、横浜に向けての輸出生糸の最大の供給地は、幕末期には、甲州や信州でなく、上州や奥州であり、そこからの生糸は利根川と江戸川の水運を利用して運ばれたのではないかと指摘されている。幕末の輸出生糸の三分の二を占めた奥州・上州の生糸は、利根川と江戸川を通って横浜へ運ばれ、八王子を通る生糸も、幕末には江戸問屋の荷物改めを受ける必要から、その多くは江戸に運ばれ、そこから海路横浜に向かった。すると八王子から「絹の道」を経由して生糸が大量に送られたのは、江戸の生糸問屋の改めが廃止される慶応二年（一八六六）五月から、明治二十二年（一八八九）に八王子と新宿を結ぶ甲武鉄道が開通する、明治時代前期のわずかな期間だったことになるという。

3　八王子

桑都八王子

八王子は江戸時代の中ごろから「桑都」として知られていた。八王子城城主の北条氏照は、「八王子八景」という和歌の一つで「蚕かふ桑の都の青あらし　市のかりやにさわぐもろびと」と歌った。八王子は養蚕はもちろん、製糸、織物も時代ごとに隆盛した地域だった。

なかでも織物は、滝山城下の「市」で取り引きされたのが起源で、十七世紀初めに成立した『毛吹草《けふきぐさ》』には、「瀧山《たきやま》、横山《よこやま》、紬嶋《つむぎじま》」の名がみえ、武蔵の特産品のひとつに数えられている。「八王子織物」は周辺の村で織られ、八王子の市に集められた織物のことだった。八王子は、桐生や足利などの織物技術の先進地や、江戸という大消費地に近く、織物業が発展するために、地理的にも有利な条件がそろっていた。この地方では、真綿から紡いだ糸を染めて、縞模様に織ったものが多く、そのため当地の織物は縞物、織物市は縞市などと呼ばれた。絹織物は染色方法によって先染織物と後染織物に分けられるが、八王子では前者を中心とし、特に男物や実用的な着物の産地だった。

江戸時代末ごろまでには、養蚕・製糸・織物が、地域的に分業化される傾向が現れた。それを取りまとめる縞買《しまかい》と呼ばれる仲買商らが成長してきた。縞買たちは仲間を結成し、織物の生産者に対して優位性を保ちながら、中心となって市の発展に尽力し、明治以降も織物業の近代化を支えていくことになる。一章でも引用した宮本常一『開拓の歴史』の一節を思いだしておこう。「幕末のころ相州厚木の宿《しゆく》というのは家が一八軒のさびしい在所で、江戸から相模大山へ参る者がここで休憩したり、宿泊したりする程度であったが、明治にはいると人馬の往来があいつぐようになってきて、宿場はにわかにふくれあがっていった。それは山梨地方の絹商人が横浜に出ていったり、八王子あたりの繭商人が繭を買いにくるようになったためであったということ」。

八王子では明治期には生産形態も近代化の道をたどり、輸出向け羽二重と内地向け着尺地の二本立ての産地として発展した。大正期には家内制手工業から工場制工業へと生産形態を整えていき、従来の織物種類（製品）に加えて新しくネクタイ地の生産を開拓した。昭和に入ると、伝統的な技法をいかして「多摩結城《ゆうき》」が生まれた。

鑓水地域が養蚕の村から脱却し、有力生糸商を生み出すのも八王子の存在があったからである。縞柄の絹織物の名産地・八王子の名が広まり、利益を上げるようになれば自然と絹の需要が増える。そして地理的に近い鑓水村の農民が自分たちの村の生糸を卸すことになる。そこでの不足分を他の地域からの買い付けで補い、やがて買い取り業を専門に養蚕家業から職業形態を変化させていったのではないか。

八日市宿

ハインリッヒ・シュリーマンの慶応元年（一八六五）六月の旅にも、八王子の町のようすが描かれている。

……人口二万くらい。われわれは町の散策を始めた。家々は木造二階建てで、時折見かける耐火性の「練り土」の家は銀行か役所であった。たいていの家に絹織物の店を出している。道幅二十六メートル、約一マイル〔二キロメートル〕近くもつづく大通りにそって、ところどころに車井戸がある。

八王子駅の北口から、北西に延びる放射道路を進むと、「八日町」の交差点に出る。この近く、甲州街道に面した高層ビルの下に「旧甲州街道 八日市宿跡」の石碑が立つ。

天正十八年（一五九〇）、小田原北条氏の滅亡後、関東に入封し八王子を直轄領とした徳川家康は、落城した旧八王子城を廃城とし、城下町を造らず新たな街作りに着手。実務担当者として大久保長安が代官頭を勤め、千人同心とともにこの地域の開発に携わった。長安はまず甲州街道を整備し、また旧八王子城下より東の浅川南岸の街道沿いに新たに八王子町を設け住民を街道沿いに移住させた。

江戸時代の八王子のようすは『武蔵名勝図会』などによると、甲州街道沿いに、東から横山宿、八日市宿、八幡宿が開かれ、その後も宿場が増設され、十五宿を数える規模に発展した。なかでも「八日市宿」は本陣と脇本陣が置かれ、街道随一の宿として栄えた。これらの宿場の名前は、横山町、八日町、八幡町という町名に現在も引きつがれている。

八王子の宿では「市」が開かれ、十九世紀には穀物や日用品は常設の市となり、織物・生糸などが「四」の日（横山宿）と「八」の日（八日市宿）、月六回開かれる「六斎市」となっていた。織物の市は現在の午前八時から十時頃まで開かれ、「桑都朝市」と呼ばれた。

八日市宿跡を示す石碑の近くに大正元年（一九一二）開業の「荒井呉服店」がある。いまから百年以上前に荒井与三が開業。戦火で焼失した店舗を荒井末男、芳枝夫妻が建て直し、八王子でも指折りの呉服専門店に育てた。この店がミュージシャン松任谷由実の実家であることは、八王子ではよく知られている。

大善寺

生糸や綿糸を織って反物にする織子たちは、神仏に願いをかけ、腕の上達を祈った。八王子では、この対象は機守様《はたがみさま》だった。機守様は大横町の大善寺や、本郷町の多賀神社、元八王子町の八幡神社にも祀られ、下恩方町や川口町にも機守様があった。『呪われたシルク・ロード』で、上恩方町の東部、佐戸の女性がこう語る。

元八王子の八幡さまには機神さんがあって、そこへ機が上手に織れるようにってよく行ったよ。夕方なんか、機が織れないとランプをつけるばかりにして、チャッチャ

チャッチャ飛んでいったもんだ。八幡さまに何があったか、どんな景色だったなんて覚えてない。夢中で飛んでって、ただ機が織れるようにって拝んできたの。ハハハハ。

機守様のなかではとくに、大善寺境内の白滝神社が信仰をあつめた。

上州の白滝神社から勧請して、当時大善寺境内の脇に社殿を建立した。「文政の頃、八王子宿に信仰心の篤い与平という老人がいた。ある夜、夢の中で白滝姫に会い機織の秘法を授かった。翌朝目覚めた与平は大変喜んで、白滝姫の姿を模写し大善寺の傍らに小祠を建て機織神社として朝夕崇拝した」。嘉永四年（一八五一）に再興され、大善寺が大横町から大谷町に移転したのにともない、昭和五十七年（一九八二）に再び大善寺境内に祀られた。毎年七月第一土曜日に機守神社礼祭がおこなわれ、当日は秘仏の「白滝観音尊像」が公開される。

大善寺で毎年十月十三日から十五日におこなわれる「十夜法要」も、「八王子のお十夜」として知られ、多くの参拝と見物客で賑わった。江戸時代の初期、八王子城落城の際の戦死者の霊を慰めるために始められたといい、その後は関東一円に知られるほどだった。大正時代から昭和の前期には、境内に見世物小屋やサーカスの小屋がかかった。

『呪われたシルク・ロード』で下恩方町上宿《かみじゆく》の女性が語る。

「機屋のかきいれどきといえば八王子のお十夜があったな。大横町の大善寺であり、縞買いさんが買いに来る。それで五日も六日も前から寝ずに織ったもんだわ。このときばかりは競争で目の色変えた。とうとう市に間に合わなくなったいじっぱりの機織りがオレのが間に合わないって泣いたりしてさ」

機織の神として、天神様へ織布や機織の用具を奉納することもある。また、氏神様へ絵馬を納めたり、念仏講で祈念することもあった。

「そういえば、機神さまによく行ったな。元木《もとぎ》の天神さまに織りさげの布を畳んでおいてきて、機がよく織れるようにって祈ったよ。ソラマメ食べると根がつくっていってさ、ソラマメを腹がくちくなるほど食べさせられた。機は根仕事だもんな」

元木の天神さまというのは、西寺方町の「菅原神社」のことで、「小田野の天神様」とも呼ばれた。このように、織子たちの信仰もさまざまであった。

萩原橋

元本郷町と中野上町を結ぶ秋川街道が、浅川を渡る「萩原橋」は、最初、明治三十四年（一九〇一）に木造で架けられた。この経費は萩原製糸の創業者、萩原彦七らの寄付によるものだった。この橋の南岸には明治四十年（一九〇七）に建立された「架橋記念碑」が立ち、萩原橋建設の概要と建設協賛者二百五十名の氏名が刻まれている。

萩原彦七は嘉永三年（一八五〇）に神奈川県愛甲郡依知《えち》村に生まれて、小門の萩原家に婿養子となった。明治十年、現在の中野上町に萩原製糸工場を創業。八王子ではじめての機械製糸工場で、多摩の近代工業の先駆けとなった。創業以来規模を拡大していき、明治二十七年には全国第二位の生産高を誇り、養蚕伝習所も開設した。その後経営は下降し、明治三十年に長野の片倉組（片倉製糸紡績）に経営を譲渡した。その後、同工場は昭和二十年（一九四五）まで片倉製糸紡績八王子製糸工場として稼働し、戦後は日本機械工業八王子工場となって現在に至る。工場も養蚕伝習所も失った萩原は、故郷の依知村で再起をはかるも、失地回復を果たせず八十歳でこの世を去った。

八王子駅

明治二十二年（一八八九）に甲武鉄道が開通の新宿・立川間が、さらに同年の八月には八王子まで開通した。これ以降、甲州や信州から集まった生糸は、八王子からは甲武鉄道を使ったと考えられる。甲武鉄道で新宿まで行き、新宿からは現在の山手線で品川、そこから東海道線で横浜へ運ぶことが主力となった。明治二十三年には杉山峠越えの御殿峠道が改修され、「横浜街道」と呼ばれるようになった。以来、八王子から浜街道を使うことはなくなった。甲武鉄道を使ったのは、一刻も早く運びたいからで、八王子・新宿間の所要時間は二時間だった。

中央線の八王子・甲府間の工事が明治二十九年にはじまり、三十四年に八王子から上野原まで開通。その二年後の三十六年には甲府まで延び、三十八年には信州に入った。中央線は生糸商人たちの要求によって、内陸に向かっていった。その後、甲武鉄道は国有化されて、現在の中央線になる。明治三十九年に浜街道は補助道となり、里道に格下げされてしまった。

＊

昭和二十年八月二日の空襲によって、八王子は市街地の九十パーセントが焦土と化し、壊滅的打撃を受けてしまった。終戦時残った工場は、昭和十六年の約二十パーセントにすぎなかったという。

戦後の八王子では、従来からの銘仙類や御召《おめし》などのほか、多くの新製品が生まれ、夏物上布《じょうふ》や男物着尺（着物地）、そしてネクタイを中心に傘地・マフラーなど雑貨織物の生産もさかんになった。また昭和三十年頃生まれた紋ウールは、素材にウールを用いつつ先染の伝統を生かした紋織の織物で、四十年代にかけて売れ続け、戦後八王子織物の最大のヒットとなった。昭和五十五年に八王子の「多摩織」が通産省から伝統工芸品として指定を受けた。

4　恩方

民俗学のふるさと

八王子市北部「恩方《おんがた》」はふたりの民俗学者が調査したことで知られる。ひとりは民家研究を目的とした今和次郎であり、もうひとりは女性史・婚姻史研究のために訪れた瀬川清子である。

今和次郎の『日本の民家』は版を重ねるごとに「採集」のページが増え、「調査」も内郷村・浦山村・恩方村が一つずつ増えている。『改稿　日本の民家』（一九四三年）の調査編では、「相模国津久井郡内郷村」「武蔵国秩父郡浦山村」に加えて、昭和十一年に民家研究者の竹内芳太郎と共同調査をおこなった「武蔵国南多摩郡恩方村――養蚕技術の変遷に伴う家屋の変化」を収録している。

今と竹内のこの論文は、恩方村という村落で、養蚕方法が天然育から温暖育、条桑育と変化するに従い、民家の形態や構造にどのような変化をもたらしたのかを、調査研究したものである。論文に紹介されている門倉家（狐塚《きつねづか》）、菱山家蚕室（駒木野《こまぎの》）、原家蚕室（小津《おつ》）は、それぞれが養蚕技術の変遷を示す事例でもある。

瀬川清子は『婚姻覚書』（一九五七年）、『女のはたらき』（一九六二年）で恩方の婚姻習俗や女性の労働について詳しく分析した。辺見じゅんの『呪われたシルク・ロード』も、瀬川の仕事に強い刺激を受けているとみられる。

『呪われたシルク・ロード』には瀬川の『婚姻覚書』『女のはたらき』に収録された「恩方のまりつき唄」が引用されている。このわらべ唄は、機織を生業としない土地から、この山里に嫁いできた女性の悲哀をうたったものである。「穀物十石スバラの名主様／お江戸からお嫁をよんだとさ／そのお嫁がお機を織れないで／お江戸へおかごでかえされた／かえされて　面目ないとて／カーラス河原へ身を投げた／身は沈む　髪はうきる／すすたけた帯は流れる／それ止める　せんじが止める／止めれば我等のごしょになる」。

『呪われたシルク・ロード』の佐戸の女性からの聞き書きによると、恩方は川沿いの村で、増水すると山崩れが起こったという。土地は狭いうえに、畑は傾斜地で米はほとんどとれなかった。男は炭焼きや山仕事が多く、女は蚕と、賃機を、土間の暗がりで織った。養蚕がさかんなころには、男の「オンバシ（家事）」や子守りが多かった。蚕は年に四回やり、それで暮らしをたてた。春蚕《はるご》が終わると屑繭《くずまゆ》で着物を作った。『呪われたシルク・ロード』で下案下《しもあんげ》の女性が語るところである。

「じいさんは炭焼きをしたが、うらたち女衆《おんなし》はお勝手しながら子ども育てて管《くだ》を巻《ま》いた。木綿機《ばた》を日に一匹織ったな。景気のよい頃にゃ娘が三人いると蔵が立つといわれたものよ。蚕を飼って糸をとって染めて織って、売りに行くことまでみんな一軒の家でした。賃機が盛んになったのは明治の中頃からだ。村に大きな機屋があって、十台も二十台も手機が置いてあった。毎日、朝は暗いうちから夜さるは十二時まで織ったもんよ。あん頃にゃ、機織り出来んと嫁の資格はないといわれだんめえ、女衆は畑仕事をおそろしがって一切やらん。手機と取っ組んで働いたもんよ。夜でも裸の機を置くなというてな、女があまり仕事をするんで子が少ないといわれたな」

動力織機が現われたのは明治も末。八王子が本格的な機業都市として発展するにつれ、農家の副業であった手機は衰え、動力に変わっていった。村の娘たちは、八王子の機工場へと出ていった。その代わり、養蚕が大正、昭和にかけて村々で盛んになった。家の造りも養蚕に適するようにと改造された。「お蚕どきには、じきに煮える粟《あわ》を食った。いそがしいときは寝っぱを蚕さまにとられて、廊下にごろんと寝る。西多摩の檜原《ひのはら》から女衆が手伝いに来たな」。養蚕は手機のなくなったあとの村の副業として昭和十六年頃までつづいた。

第二次大戦期から戦後にかけて、食糧増産のため、桑畑は芋などの畑へ転換され、またそのころに繭も売れなくなり、恩方での養蚕は消えていったという。

駒木野・狐塚

JR中央線高尾駅の北口から陣馬高原方面行きのバスに乗る。

高尾街道を北上し、霊園地帯を抜けると、川原宿の交差点に着く。ここを左折すると陣馬街道に入っていくことになる。陣馬街道は八王子と山梨県上野原町を結ぶ。恩方街道・甲州脇往還・佐野川往還・案下道・甲州裏街道なども呼ばれた。追分町で甲州街道から分かれ、下恩方町・上恩方町をへて和田峠を越え、神奈川県藤野町をとおって上野原町で再び甲州街道に合流する。『武蔵名勝図会』には「(八王子)横川より大楽寺村、諏訪宿を経て二分方村の内、由井野と大楽寺の辻なる神戸などを行きて、案下川を越えて寺方村につらなる。それより下恩方、上恩方……。案下峠に至りて、その嶺を越えれば相州津久井県佐野川村なり。これより郡内上野原へ一里許《ばかり》なり。上恩方に口留番所あり」と記される。

松竹、大久保、佐戸の集落を過ぎ、「駒木野」のバス停で下車する。

養蚕と家屋との場合、調査の対象とすべき地域は旧来から養蚕地として知られている地方を選ぶのが至当と考えて、まずそれを八王子附近に求めたのである。村の選択は偶然であったが、かつて八王子の西方に当る山間地恩方村に、菱山栄一を訪ねたとき、同氏所有の家屋および附近の二、三の家屋を見せてもらったきっかけに頼って、同村に再調査を試みる事にしたのである。調査家屋には一々菱山氏が案内してくれ、またそれぞれに適応した説明を聴き得た事を記して感謝しておきたい。

今和次郎『日本の民家』

駒木野は現在の上恩方町の中央部南寄りの地で、駒木野沢の流域にあたり、菱山家の蚕室は現存していない。上恩方町の中央部、狐塚の門倉家は主屋も調査当時の状態をとどめ、『日本の民家』に間取り図などが収録された、条桑小屋も残っている。門倉家ではいまから三十年くらい前まで養蚕をおこない、現当主の祖父が大きな風呂敷に繭を包み、神奈川方面にかついでいったという。

馬鳴菩薩石像

上恩方町力石の集落を少しだけ過ぎたあたり、浅川を渡ったところに立つ薬師堂の前に、二十三夜塔と並んで、明和四年（一七六七）六月吉日の銘をもつ線刻の馬鳴《めみょう》菩薩像がある。八王子周辺では養蚕の神として馬鳴菩薩をまつる。上川町の三光院と大楽寺の長円寺には木造の江戸時代中期から後期ころの造立と思われるものがある。今野圓輔の『馬娘婚姻譚』には木下直による長円寺の馬鳴菩薩像の報告が紹介されている。

……南多摩郡元八王寺《ママ》村諏訪宿の長円寺の馬鳴像は、明治三十年頃まで、毎年一月から四月頃になると、御厨子《ずし》のまま、簡単な輿《こし》にのって、近郷近在を一晩ずつ泊りあるいた…その宿をした家々では、当夜は「蚕日待《かいこひまち》」をした……とあり、また、このお姿を長持に入れ、幕には「常陸国蚕影山」と書いたのを持ち、坊様がついてきて、蚕

力石の「馬鳴菩薩石像」

神様の由来を話した。一里か半里位あるいては民家に泊ったが、お蚕神様だといっては方々で泊め、若い者がつぎの宿になる家まで、長持を持って宿送りをした。

力石の馬鳴菩薩石像は左手に宝珠、右手に数珠を持つ立ち姿で、一見すると地蔵菩薩のようである。二章で述べたように、馬鳴菩薩像は六本の腕をもち白馬にまたがる女性らしい像である。馬鳴菩薩はほんらい古代インドの高僧で、貧しい人びとに衣服を与えたと伝えられる。近世近代に数多く造られた馬鳴像よりも、この石像のほうが、信仰の原点に忠実な姿であるかもしれない。

小津

力石の集落まで戻り、小津へ向かう。

小津村『新編武蔵国風土記稿』には、「地形は山を負うて村落あり、ことに幽邃の地にして、四隣みな山を以て隔つ」とある。小津川の上・中流域を占める山間の地で、谷ぞいに集落が点在する。『呪われたシルク・ロード』では、この集落の女性たちから、養蚕、織物にかんする昔語りが、多数採集されている。

明治から大正にかけて、小津にも機屋が何軒かあった。養蚕がさかんだったので、「慶庵《けいあん》」と呼ばれる斡旋屋《あっせんや》が、若い娘を二十人も三十人も引きつれて、このあたりを売り歩いた。「一月なり一年なり使ってくんねえか、どうだどうだ」というと、昔は人手不足なうえ、飼育方法も違ったので、蚕どきには頼む家が多かった。東北地方から出稼ぎにきた娘もいたが、このあたりでは檜原《ひのはら》からきたものが多かった。檜原はここよりももっと山の中で、貧乏だったためだろう。「口減らし」と思われる九歳くらいの娘もいた。機織は三年年季が多く、西多摩の五日市や川口から来た。三月二日が出替りで、親が迎えにきた。

さきの戦争まで村の周辺は桑畑だった。山でも少し平らなところには桑が植えられた。山の木の芽のふく五月頃には、桑の葉も開きはじめる。家々では少しでも養蚕の豊作をねがう気持から、正月十四日は、繭団子を作ることを年中行事にしていた。繭玉は米の粉をまるめて、梅の木やつげの木にさしたものだった。村には「おしら講」もあり、毎春当番の家に集合しては、上座に馬鳴菩薩の掛軸をかけたりして、蚕繭の豊饒《ほうじょう》を祈った。その行事がすむと、飲んだり食べたりしながら世間話を語り合う。「蚕日待」とも呼ばれ、女たちの唯一の娯楽だった。

小津の農家の蚕室

「機神さまか。このカミにァ森があってそこに女衆が布をあげにいっためえ。機のきれを糸でつるしてだなァ、機の手があがるようにということだんめえ、この辺はお蚕しとったからにゃ、梅の木の繭玉ァさした。米を洗ってひいて粉にし、団子にして木ィにさしたのよ。一月十三日に作ってさし、十六日に団子を食ったわ」

『日本の民家』に掲載されている原家の蚕室は、昭和十一年の調査当時に新築されたもので、当時としては先進的な蚕室だった。この蚕室は現存し、車庫兼倉庫として使用されている。原家ではこの蚕室を使って養蚕をおこなっていたのは第二次世界大戦終了以前で、その後は物置になっていたという。このため養蚕での使用は十数年であった。

小津には学校があった。養蚕業が戦争を挟んでいちど衰えたあと、山繭を薦められて何軒かの農家が試みた。桑畑だったところに天蚕が好むクヌギを植えたが、うまくはいかなったという。

5 蚕種石

町田市相原町

八王子北部の恩方から、ふたたび南部の鑓水にもどろう。

八王子市鑓水二丁目にある多摩美術大学八王子キャンパスの南西、八王子を南北に貫通する国道十六号線と、高尾町から町田市鶴間にいたる町田街道が交じわる相原交差点の北東の一角に、「蚕種石《こだねいし》」と呼ばれる地区がある。公的な地名からは消えているものの、二万五千分の一の地形図「八王子」や地域の防災地図などにははっきりと示される。また明治初期の官撰地誌『皇国地誌』の「鑓水村」の項には、「蚕種峰」の地名がみえる。

現在の地名は東京都町田市相原町の最東部、交通量が激しい国道沿いの谷戸のなかの集落に、地名と同じ「蚕種石」という石がある。

蚕種石

蚕種石は、八十八夜が近づくと緑色に変化し、その色を見て昔は蚕の掃立ての準備をした。こういう伝承とともに信仰されてきた。長さは約一メートル二十センチほどで、幅は五十センチ前後で、石の下の方は土に埋まっている。現在は、集落から養蚕農家が消えてしまったため、養蚕信仰の行事はおこなわれていないという。

折口信夫は「石に出で入るもの」でこのように語っていた。

> ……また、考え方によれば、うつ・かひ・まゆは、平凡に言うと、魂の籠り場所とも言えます。それで、卵がだんだん大きくなり、かひを割って鳥が出て来るように、石もだんだん大きくなり膨張してきます。ところが、石の場合、割れるとは言わないで、むしろ、石が成長する、子どもを産む、という風に考えて来たのです。我々は、石が子どもを生んだと考えるが、実は、石の中からそんなものが出現する、ということになるのではないかと思います。それを久しい昔から、生んだと感じて来たのだと思い

上:蚕種石
下:甲州の丸石道祖神(山梨県山梨市)

ます。

甲州には「丸石道祖神」といって、巨大な丸い石や多数の小さな丸石を、道祖神場に祀る民間信仰がある。小さな丸石神は、これを祀るあたりが養蚕地帯ということもあり、蚕の繭を想像させるものである。しかもこの丸石神に並べて、「蚕影山」の文字碑が並べ祀られるところも少なくないのである。

……かひの中に籠っているのがかひこで、かひは母胎、すなわち、容れ物で、その中から出て来るのがかひこです。大きな石を母胎として小さな石が出現して来る。その小さな石がこぼれるのを。子を生むと感じたものと思います。そんな大きな石でなくても、石が同じような大きさに分裂することもあります。こんなところから、籠っていた石が誕生する、すなわち、母胎に宿り、また出て来る、と考えやすかったと思います。

折口の石神論と、八十八夜に色を変える蚕種石は直接結びつくものではない。また甲州の丸石神と、多摩の丸みをおびた石との関連も定かではない。

しかし、八王子の旅の最後に見つけた蚕種石が、いまではほとんど誰からも見むかれもしないことだけはたしかである。

養蚕は日本社会の古代にはじまり、近代の熱狂を過ぎた現在、ほとんど「遺産」としてみられている。谷戸の民家の軒先にひっそりとしずまる蚕種石は、こうした不遇にたいして、目の前で色を変え、なにかを告げようとしているような気がする。

群馬県安中市の養蚕農家の回転蔟

あとがき

この本では〝産業のフォークロア〟といったものをめざした。しかし書き終えてみて、蚕業ほど近代日本を鮮やかに照らしだした産業は、ほかにないことを再確認した。

燎原の火のようにひろがった桑畑は、いまではめっきり姿を消し、蚕も身近なものではなくなった。しかし養蚕という営みが生みだした文化の痕跡はまだまだ探すことができると思う。

担当してくれた晶文社の足立恵美さんは、八王子と桐生にゆかりが深い人である。本が完成したあかつきには、足立さんとのんびり八王子を歩いてみたいと思っているところである。

この本から肩書に「民俗学者」と入れることにした。もちろん〝自称〟にすぎないが、これからも〝民俗学的な〟アプローチで「社会」や「世界」のことを、細ぼそと考えていこうという決意表明みたいなものである。

二〇一五年秋十一月

畑中章宏

参考文献一覧

＊網野善彦『女性の社会的地位再考』御茶の水書房、一九九九年
＊網野善彦『中世民衆の生業と技術』東京大学出版会、二〇〇一年
＊網野善彦『『忘れられた日本人』を読む』岩波書店、二〇〇三年
＊有安美加『アワシマ信仰　女人救済と海の修験道』岩田書院、二〇一五年
＊安中市ふるさと学習館『養蚕の神々　繭の郷で育まれた信仰』安中市ふるさと学習館、二〇〇四年
＊石田英一郎『桃太郎の母　比較民族学的論集』法政大学出版局、一九五六年
＊伊藤智夫『絹』（1・2）法政大学出版局、一九九二年
＊色川大吉『日本の歴史21　近代国家の出発』中央公論社、一九六六年
＊『折口信夫全集2　古代研究（民俗学篇　1）』中央公論社、一九九五年
＊『折口信夫全集19　石に出で入るもの・生活の古典としての民俗（民俗学3）』中央公論社、一九九六年
＊加藤九祚『完本　天の蛇　ニコライ・ネフスキーの生涯』河出書房新社、二〇一一年
＊川元祥一『旅芸人のフォークロア　門付芸「春駒」に日本文化の体系を読みとる』農山漁村文化協会、一九九八年
＊熊谷元一『かいこの村』岩波写真文庫、一九五三年

*ジェラルド・グローマー『瞽女《ごぜ》うた』岩波新書、二〇一四年
*『菅江真澄全集第八巻 地誌4』未来社、一九七九年
*小泉二三『思い出の鑓水』地方文化研究会、一九七四年
*今和次郎『日本の民家』岩波文庫、一九八九年
*『今和次郎集第2巻 民家論』ドメス出版、一九七一年
*『今和次郎集第3巻 民家採集』ドメス出版、一九七一年
*今野圓輔『馬娘婚姻譚』岩崎書店、一九五六年
*阪本英一『養蠶の神々 蚕神信仰の民俗』群馬県文化事業振興会、二〇〇八年
*ハインリッヒ・シュリーマン、石井和子訳『シュリーマン旅行記 清国・日本』講談社学術文庫、一九九八年
*瀬川清子『婚姻覚書』大日本雄弁会講談社、一九五七年
*瀬川清子『女のはたらき 衣生活の歴史』未来社、一九六二年
*ブルーノ・タウト、篠田英雄訳『日本美の再発見(増補改訳版)』岩波新書、一九六二年
*ブルーノ・タウト、篠田英雄訳『日本 タウトの日記1935-36年』岩波書店、一九七五年
*高井進『越中から富山へ 地域生活論の視点から』山川出版社、一九九八年
*高橋慎一『群馬 絹産業近代化遺産の旅』織研新聞社、二〇一三年
*田島民、高良留美子編『宮中養蚕日記』ドメス出版、二〇〇九年
*千々和到編『日本の護符文化』弘文堂、二〇一〇年

*『角田新八写真集　お蚕さま物語　信仰と営みの記録』上毛新聞社、二〇一四年
*遠野市立博物館『オシラ神の発見』遠野市立博物館、二〇〇六年
*中沢厚『石にやどるもの　甲斐の石神と石仏』平凡社、一九八八年
*中谷桑実『吾輩は蚕である』求光閣、一九〇八年
*中村真一郎・福永武彦・堀田善衛『発光妖精とモスラ』筑摩書房、一九九四年
*ニコライ・ネフスキー、加藤九祚解説、岡正雄編『月と不死』平凡社、一九七一年
*イザベラ・バード、金坂清則訳注『完訳 日本奥地紀行2　新潟—山形—秋田—青森』平凡社、二〇一二年
*原武史『皇后考』講談社、二〇一五年
*福永武彦訳『古事記・日本書紀』河出書房新社、一九七六年
*辺見じゅん『呪われたシルク・ロード』角川書店、一九七五年
*細井和喜蔵『女工哀史』岩波文庫、一九五四年
*『槇村浩全集』平凡堂書店、一九八四年
*丸岡秀子『ひとすじの道 第1部　ある少女の日々』偕成社、一九七六年
*『南方熊楠全集3　雑誌論考1』平凡社、一九七一年
*宮本宣一『筑波歴史散歩』日経事業出版センター、二〇一四年
*宮本常一『日本民衆史1　開拓の歴史』未来社、一九六三年
*『宮本常一著作集21　庶民の発見』未来社、一九七六年
*宮本常一『女の民俗誌』岩波現代文庫、二〇〇一年

*向山雅重ほか編『日本の食生活全集20　聞き書 長野の食事』農山漁村文化協会、一九八六年
*六車由実『驚きの介護民俗学』医学書院、二〇一二年
*安丸良夫『出口なお』朝日新聞社、一九七七年
*柳田国男『遠野物語・山の人生』岩波文庫、一九七六年
*『柳田國男全集11　妹の力・巫女考・毛坊主考 ほか』ちくま文庫、一九九〇年
*『柳田國男全集15　石神問答・大白神考 ほか』ちくま文庫、一九九〇年
*柳田国男『新版 遠野物語　付・遠野物語拾遺』角川ソフィア文庫、二〇〇四年
*柳田国男『新装版 故郷七十年』神戸新聞総合出版センター、二〇一〇年
*山本茂実『あゝ野麦峠　ある製糸工女哀史』朝日新聞社、一九六八年
*横浜開港資料館編『F・ベアト幕末日本写真集』横浜開港資料普及協会、一九八七年
*和田英『富岡日記』ちくま文庫、二〇一四年

このほか地方自治体が発行する郷土史を参考にした。

畑中章宏
はたなか・あきひろ

一九六二年大阪生まれ。
作家・編集者・民俗学者。
著書に『災害と妖怪』
『津波と観音』（亜紀書房）、
『柳田国男と今和次郎』
『『日本残酷物語』を読む』（平凡社）、
『先祖と日本人』（日本評論社）、
『ごん狐はなぜ撃ち殺されたのか』
（晶文社）など。

蚕《かいこ》——絹《きぬ》糸《いと》を吐《は》く虫《むし》と日本《にほん》人《じん》

二〇一五年一二月二五日　初版
二〇一八年　三　月　一　日　二刷

著　者　畑中章宏

発行者　株式会社晶文社
　　　　東京都千代田区神田神保町1-11
電　話　03-3518-4940（代表）・4942（編集）
URL　http://www.shobunsha.co.jp
印刷・製本　ベクトル印刷株式会社

ISBN978-4-7949-6899-9 Printed in Japan